职教高考系列教材

机械基础练习册

第 2 版

主　编　朱明松　朱德浩
副主编　黄　健　徐伏健
参　编　陈飞飞　潘世毅　王　欣　纪晓峰　陈舞燕
主　审　陶建东

机 械 工 业 出 版 社

本书是朱明松主编的《机械基础（第 2 版）》的配套用书，《机械基础（第 2 版）》已由机械工业出版社出版发行，书号为 978-7-111-73444-4。

本书与主教材紧密联系、同步配套，用以增强记忆、加深理解和学会应用。其编写体例与近年来职教高考机电、机械类专业考试体例一致，主要有填空题、判断题、选择题、计算题、作图题和综合分析题。

本书可作为江苏省职教高考机电、机械类专业的教学辅助用书，也可作为其他省份职教高考和全国中等职业学校机电、机械类专业的教学参考用书。

图书在版编目（CIP）数据

机械基础练习册/朱明松，朱德浩主编. —2 版. —北京：机械工业出版社，2023.12
职教高考系列教材
ISBN 978-7-111-74005-6

Ⅰ.①机… Ⅱ.①朱… ②朱… Ⅲ.①机械学 – 中等专业学校 – 习题集 – 升学参考资料 Ⅳ.①TH11 – 44

中国国家版本馆 CIP 数据核字（2023）第 188711 号

机械工业出版社（北京市百万庄大街 22 号　邮政编码 100037）
策划编辑：王莉娜　　责任编辑：王莉娜
责任校对：宋　安　　封面设计：王　旭
责任印制：常天培
北京机工印刷厂有限公司印刷
2024 年 2 月第 2 版第 1 次印刷
210mm×285mm · 13.75 印张 · 295 千字
标准书号：ISBN 978-7-111-74005-6
定价：45.00 元

电话服务　　　　　　　　网络服务
客服电话：010 – 88361066　机　工　官　网：www.cmpbook.com
　　　　　010 – 88379833　机　工　官　博：weibo.com/cmp1952
　　　　　010 – 68326294　金　书　网：www.golden-book.com
封底无防伪标均为盗版　机工教育服务网：www.cmpedu.com

前 言

2019 年 1 月，国务院印发的《国家职业教育改革实施方案》提出："建立'职教高考'制度，完善'文化素质 + 职业技能'的考试招生办法"。随后各省相继出台了关于探索"职教高考"的政策文件。2022 年 12 月，中共中央办公厅、国务院办公厅印发的《关于深化现代职业教育体系建设改革的意见》中进一步提出："完善职教高考制度，健全'文化素质 + 职业技能'考试招生办法，扩大应用型本科学校在职教高考中的招生规模""完善本科学校招收具有工作经历的职业学校毕业生的办法"。使"职教高考"正式成为相对于普通高考的职业教育的专门性高考，并即将成为高职院校招生的主渠道，对巩固职业教育作为类型教育具有重要意义。在此背景下，我们根据多个省份颁布实施的高等职业院校考试招生制度改革实施方案等文件精神及普通高校对口单独招生机电/机械类专业综合理论考试大纲"机械基础""液压与气动"两门核心课程，修订了朱明松主编的江苏省"十四五"职业教育规划教材《机械基础》，作为职教高考机电/机械类专业教学用书。为更好地服务师生，让学生更好地学习、巩固专业知识，在较短的时间内掌握大纲重点、突破认识的难点，为后续学习奠定良好的基础，同步修订了本书，作为朱明松主编的《机械基础》的配套教学用书。

本书的主要特色如下：

1. 与主教材同步配套使用，用以增强记忆、加深理解和学会应用。

2. 参照教育部颁布的最新"机械基础"教学要求，并以考试大纲为依据，结合近几年机电/机械类专业招生考试实际情况，针对性强。

3. 贯彻现行国家标准。

4. 编写体例与近年来职教高考机电、机械类专业考试体例一致，主要有填空题、判断题、选择题、计算题、作图题和综合分析题。

5. 习题设计梯度性强，着重加强基础知识和能力的培养，突出重点内容的练习与训练。

南京市职教（成人）教研室组织长期担任对口单招教学的把关教师编写了本书。在编写过程中，编写组成员对书中内容进行了多次集中研讨。本书由南京六合中等专业学校朱明松、朱德浩任主编，南京六合中等专业学校黄健和徐伏健任副主编，南京六合中等专业学校陈飞飞、潘世毅、王欣、纪晓峰、陈舞燕参与了编写，南京市职教（成人）教研室陶建东主审。

由于编者学识有限，书中难免存在缺点或错误，恳切希望读者批评指正。

编 者

目　录

前言

绪论 ……………………………………………………………………………………… 1

第一篇　常用机构

第一章　平面连杆机构 ………………………………………………………………… 3

第一节　运动副 …………………………………………………………………………… 3

第二节　铰链四杆机构 …………………………………………………………………… 6

第三节　铰链四杆机构的演化 …………………………………………………………… 11

第四节　四杆机构的基本特性 …………………………………………………………… 14

第二章　凸轮机构 ……………………………………………………………………… 21

第一节　凸轮机构概述 …………………………………………………………………… 21

第二节　凸轮机构的工作原理 …………………………………………………………… 24

第三章　间歇运动机构 ………………………………………………………………… 33

第一节　棘轮机构 ………………………………………………………………………… 33

第二节　槽轮机构 ………………………………………………………………………… 36

第二篇　金属材料常识

第四章　金属材料及其热处理 ………………………………………………………… 39

第一节　金属材料的力学性能 …………………………………………………………… 39

第二节　非合金钢 ………………………………………………………………………… 43

第三节　钢的热处理 ……………………………………………………………………… 44

第四节　低合金钢和合金钢 ……………………………………………………………… 46

第五节　铸铁和铸钢 ……………………………………………………………………… 48

第六节　非铁金属简介 ……………………………………………………………… 49

第三篇　机　械　传　动

第五章　摩擦轮传动 …………………………………………………………………… 50

第六章　带传动 ………………………………………………………………………… 54

第一节　带传动概述 …………………………………………………………………… 54

第二节　平带传动 ……………………………………………………………………… 56

第三节　V带传动 ……………………………………………………………………… 59

第四节　带传动的布置与张紧 ………………………………………………………… 63

第七章　螺旋传动 ……………………………………………………………………… 66

第一节　螺纹的种类与应用 …………………………………………………………… 66

第二节　螺纹的主要参数及标记 ……………………………………………………… 68

第三节　螺纹联接及其预紧与防松 …………………………………………………… 71

第四节　普通螺旋传动 ………………………………………………………………… 73

第五节　差动螺旋传动 ………………………………………………………………… 77

第八章　链传动 ………………………………………………………………………… 81

第九章　齿轮传动 ……………………………………………………………………… 84

第一节　齿轮传动的分类与应用特点 ………………………………………………… 84

第二节　渐开线的形成及特性 ………………………………………………………… 87

第三节　直齿圆柱齿轮传动 …………………………………………………………… 89

第四节　渐开线齿轮的啮合 …………………………………………………………… 94

第五节　其他常用齿轮传动 …………………………………………………………… 97

第六节　齿轮的加工与变位齿轮 ……………………………………………………… 100

第七节　渐开线齿轮的精度 …………………………………………………………… 103

第八节　齿轮轮齿的失效形式 ………………………………………………………… 105

第九节　蜗杆传动 ……………………………………………………………………… 107

第十节　齿轮传动的受力分析 ………………………………………………………… 111

第十章　轮系 …………………………………………………………………………… 115

第一节　轮系的分类与传动特点 ……………………………………………………… 115

第二节　定轴轮系的分析与计算 ……………………………………………………… 117

第三节　变速机构和变向机构 ………………………………………………………… 124

第四篇　轴系零件

第十一章　轴系零件简介 ································· 129
　第一节　键、销及其联接 ····························· 129
　第二节　滑动轴承 ······································ 135
　第三节　滚动轴承 ······································ 138
　第四节　联轴器、离合器、制动器 ················· 141
　第五节　轴 ·· 145

第五篇　液压与气压传动

第十二章　液压传动的基本概念 ··················· 151
　第一节　液压传动原理及其系统组成 ············· 151
　第二节　液压传动系统的流量和压力 ············· 153
　第三节　压力、流量损失和功率的计算 ··········· 160
第十三章　液压元件 ································· 162
　第一节　液压泵 ·· 162
　第二节　液压缸与液压马达 ························· 164
　第三节　液压控制阀 ·································· 167
　第四节　液压辅件 ······································ 177
第十四章　液压基本回路 ··························· 178
　第一节　方向控制回路 ······························ 178
　第二节　压力控制回路 ······························ 181
　第三节　速度控制回路 ······························ 186
　第四节　顺序动作回路 ······························ 190
第十五章　液压传动系统实例分析 ··············· 193
第十六章　气压传动 ································· 205
　第一节　气压传动原理及其特点 ··················· 205
　第二节　气源装置 ······································ 207
　第三节　气动三大件 ·································· 207
　第四节　气缸和气马达 ······························ 209
　第五节　气动控制阀及其基本回路 ··············· 210

绪　　论

一、填空题

1. _____是机器与机构的总称，通常机器包含一个或一个以上的_____。

2. 机器是人为_____的组合，各部分之间具有确定的_____，并能代替或减轻人类的体力劳动，完成_____。

3. 机器分_____和_____两大类，其中金属切削机床属于_____。

4. 机构的主要作用是_____，常用的机构有_____、_____和_____。

5. 机器是由_____、_____和_____三个部分组成，自动化机器中还有_____部分。

6. _____部分是机器动力的来源，_____是将动力部分的运动和动力传递给工作部分的中间环节。

7. 构件与零件的区别在于：构件是_____，零件是_____。

8. 现代工业中主要应用的传动方式有_____传动、_____传动、_____传动和电气传动四种。

二、判断题

1. 构件是加工制造的单元，零件是运动的单元。　　　　　　　　　（　　）

2. 传动的终端是机器的工作部分。　　　　　　　　　　　　　　　（　　）

3. 机构就是具有确定相对运动的构件的组合。　　　　　　　　　　（　　）

4. 构件是一个具有确定相对运动的整体，它不可以是单一整体，只可以是几个相互之间没有相对运动的物体组合而成的刚性体。　　　　　　　　　　　　　　（　　）

5. 从运动和结构的角度来看，机器与机构是相同的。　　　　　　　（　　）

6. 机械是机器与机构的总称。　　　　　　　　　　　　　　　　　（　　）

7. 电气传动是最基本的传动方式。　　　　　　　　　　　　　　　（　　）

8. 构件与构件之间采用静连接组成机构。　　　　　　　　　　　　（　　）

9. 整体式连杆既是零件又是构件。　　　　　　　　　　　　　　　（　　）

10. 任何机器都是由许多个零件组成的。　　　　　　　　　　　　（　　）

11. 机器能做功或实现能量转换，机构则不能。　　　　　　　　　（　　）

12. 内燃机是原动机，空气压缩机是工作机。　　　　　　　　　　（　　）

三、选择题

1. 各实体之间具有确定的相对运动的组合称为_____。

    A. 机器   B. 机构   C. 机械   D. 机床

2. 机床的主轴是机器的_____。

    A. 动力部分   B. 工作部分   C. 传动部分   D. 自动控制部分

3. 机器中运动的最小单元称为_____。

    A. 零件   B. 部件   C. 机件   D. 构件

4. 机器由若干_____组成。

    A. 构件   B. 执行件   C. 传动机构   D. 齿轮

5. 下列机器中属于工作机的是_____。

    A. 铣床   B. 电动机   C. 空气压缩机   D. 内燃机

6. _____是一种最基本的传动方式，应用最普遍。

    A. 机械传动   B. 液压传动   C. 气压传动   D. 电气传动

7. 下列_____属于固定构件，_____属于零件。

    A. 自行车前后轮整体   B. 自行车车架   C. 钢圈   D. 链条

8. 汽车中，_____是原动部分，_____是执行部分，_____是传动部分，_____是控制部分。

    A. 电控系统   B. 变速器   C. 车轮   D. 内燃机

四、综合分析题

如图 0-1 所示的单缸四冲程内燃机，由气缸 1、活塞 2、连杆 3、曲轴 4、齿轮 5 和 6、凸轮 7 和顶杆 8 等组成。试分析并回答下列问题。

1. 内燃机是_____（填"机器"或"机构"）。

2. 内燃机中的典型机构有_____（至少 2 个）。

3. 内燃机中的典型零件有_____（至少 3 个）。

4. 图中曲轴是_____（填"零件""构件""零件或构件"）；连杆是_____（填"零件""构件"）；若连杆 3 为构件，则由_____等主要零件组成。

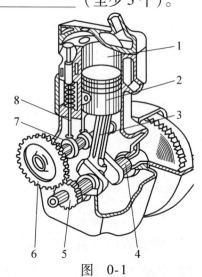

图 0-1

第一篇 常用机构

第一章 平面连杆机构

第一节 运 动 副

一、填空题

1. 运动副是两构件之间_____并能产生一定_____的连接。

2. 根据运动副中两构件的接触形式不同，运动副可分为_____和_____两大类。

3. 低副是____接触的运动副，常见的低副有_____、_____和_____。

4. 高副是_____或_____接触的运动副。

5. 铰链副是_____副，齿轮副是_____副。

6. 机构中_____称为低副机构。机构中_____称为高副机构。

7. 内燃机活塞和缸体之间形成_____副，火车车轮和钢轨之间形成_____副，车床进给机构中的丝杠和螺母形成_____副。

二、判断题

1. 运动副是连接，连接也是运动副。 （ ）

2. 低副的效率低，承载能力低；高副的效率高，承载能力大。 （ ）

3. 低副不能传递较复杂的运动，高副能传递较复杂的运动。 （ ）

4. 高副比低副更易磨损，寿命短。 （ ）

5. 铰链连接是转动副的一种具体形式。 （ ）

6. 轴和滑动轴承组成高副。 （ ）

7. 自行车链条和链轮组成转动副。 （ ）

8. 固定螺栓和螺母组成螺旋副。 （ ）

三、选择题

1. 如图 1-1 所示，不属于低副的是_____。

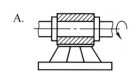 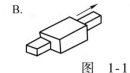 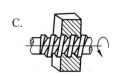

图 1-1

2. 能够传递较复杂运动的运动副的接触形式是_____。

   A. 螺旋副接触　　　B. 带与带轮接触　　　C. 活塞与气缸壁接触　　　D. 凸轮接触

3. 效率较低的运动副的接触形式是_____。

   A. 齿轮啮合接触　　　B. 凸轮接触　　　C. 螺旋副接触　　　D. 滚动轮接触

4. 如图 1-2 所示传动机构运动副的个数是_____。

   A. 5　　B. 6　　C. 4　　D. 7

5. 如图 1-2 所示传动机构是_____。

   A. 低副机构　　　　B. 高副机构

   C. 转动副机构　　　D. 移动副机构

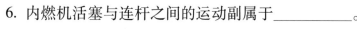

图 1-2

6. 内燃机活塞与连杆之间的运动副属于_____。

   A. 移动副　　B. 转动副　　C. 高副　　D. 螺旋副

7. 如图 1-3 所示传动机构运动副的个数是_____。

   A. 4　　　　　　　　B. 5　　　　　　　　C. 6　　　　　　　　D. 7

8. 如图 1-3 所示传动机构是_____。

   A. 低副机构　　　B. 螺旋副机构　　　C. 转动副机构　　　D. 高副机构

9. 如图 1-4 所示传动机构运动副的个数是_____。

   A. 4　　　　　　　　B. 5　　　　　　　　C. 6　　　　　　　　D. 7

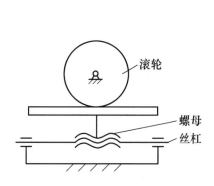

图 1-3

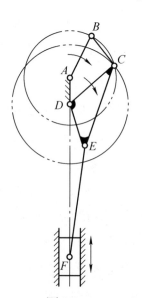

图 1-4

四、综合分析题

根据如图 1-5 所示机构回答下列问题。

1. 图 1-5a 中有_____个构件，有_____个运动副，其中转动副有_____个，移动副有_____个，高副有_____个，是_____机构。

2. 图 1-5b 中有_____个构件，有_____个运动副，其中转动副有_____个，移动副有_____个，高副有_____个，是_____机构。

3. 图 1-5c 中有_____个构件，有_____个运动副，其中转动副有_____个，移动副有_____个，高副有_____个，是_____机构。

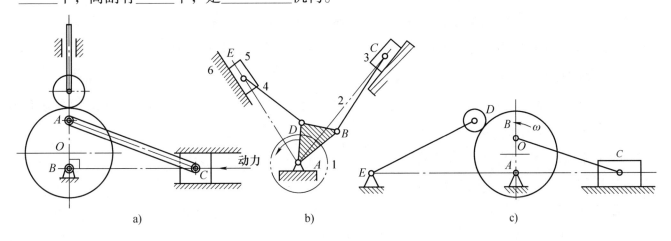

图 1-5

第二节　铰链四杆机构

一、填空题

1. 平面连杆机构是指所有刚性构件利用_____副或_____副相互连接而组成的在_____或_____内运动的机构。

2. 平面连杆机构中的运动副都是_____副，因此平面连杆机构是_____机构。

3. 平面连杆机构中有四个构件，并且四个构件都用转动副连接时称为_____。

4. 铰链四杆机构有_____、_____和_____三种基本类型。

5. 铰链四杆机构由_____、_____和机架组成，其中与机架相连并且能连续转动的是_____，只能在一定角度内摆动的是_____，不与机架相连的是_____。

6. 曲柄摇杆机构能将主动曲柄的_____转换为从动摇杆的_____，或将主动摇杆的_____转换为从动曲柄的_____。

7. 双曲柄机构能将主动曲柄的_____转动转换为从动曲柄的_____转动。

8. 双曲柄机构中两曲柄长度相同且转向相同时构成_____机构，转向相反时构成_____机构。

9. 铰链四杆机构中是否存在曲柄取决于各_____之间的关系。

10. 曲柄存在条件是指铰链四杆机构中_____和_____必有一个是最短杆，并且_____与_____长度之和小于或等于其余两杆长度之和。

11. 铰链四杆机构满足曲柄存在条件时，取最短杆为连架杆是_____机构，取最短杆为机架是_____机构，取最短杆为连杆是_____机构。

12. 铰链四杆机构中，最短杆与最长杆长度之和大于其余两杆长度之和时构成_____机构。

二、判断题

1. 平面连杆机构中，各个构件都在同一个平面或相互平行的平面内运动。　（　　）

2. 平面连杆机构能实现较为复杂的空间运动。　（　　）

3. 平面连杆机构只能用于传递运动和动力，不能用于能量转换。　（　　）

4. 曲柄摇杆机构只能将曲柄的转动变为摇杆的摆动。　（　　）

5. 铰链四杆机构中，最短杆就是曲柄。　（　　）

6. 铰链四杆机构中，若两个连架杆均为曲柄时，该机构称为双曲柄机构。　（　　）

7. 铰链四杆机构中，连架杆就是曲柄或摇杆。　（　　）

8. 平行四边形机构，当主动曲柄等速回转时，从动曲柄也是等速回转的。　（　　）

9. 反向平行双曲柄机构，当主动曲柄等速回转时，从动曲柄是变速回转的。（　　）

10. 铰链四杆机构中，只要最短杆与最长杆长度之和小于其他两杆长度之和，就必有摇杆存在。（　　）

三、选择题

1. 曲柄摇杆机构_____。

    A. 不能用于连续工作的摆动装置

    B. 连杆做整周回转，摇杆做往复摆动

    C. 只能将连续转动变成往复摆动

    D. 可将往复摆动变成连续转动

2. 有关双摇杆机构的论述正确的是_____。

    A. 两连架杆均只能做一定角度的摆动运动

    B. 最短杆为机架，构成双摇杆机构

    C. 最短杆与最长杆长度之和小于或等于其余两杆长度之和

    D. 都不对

3. 以下关于曲柄摇杆机构的叙述正确的是_____。

    A. 只能以曲柄为主动件　　　　B. 摇杆不可以作为主动件

    C. 主动件既可以做整周旋转运动也可以做往复移动

    D. 以上都不对

4. 曲柄摇杆机构中，当曲柄长度变短时，摇杆的摆角将_____。

    A. 变大　　　　　　　B. 变小

    C. 不变　　　　　　　D. 不能确定

5. 以下机构不属于曲柄摇杆机构的是_____。

    A. 剪切机　　　B. 铲土机　　　C. 搅拌机　　　D. 雷达俯仰角摆动装置

6. 缝纫机踏板机构是_____。

    A. 曲柄摇杆机构　B. 双曲柄机构　C. 双摇杆机构　D. 曲柄滑块机构

7. 汽车车门启闭机构属于_____。

    A. 双曲柄机构　　B. 曲柄摇杆机构　C. 双摇杆机构　D. 曲柄滑块机构

8. 以下没有用到双摇杆机构的是_____。

    A. 自卸翻斗车　　　　　　B. 飞机起落架收放机构

    C. 鹤式起重机提升机构　　D. 颚式破碎机

9. 在有曲柄存在的条件下，若取最短杆的邻边为机架，则形成_____。

    A. 曲柄摇杆机构　　B. 双曲柄机构　　C. 双摇杆机构　　D. 曲柄滑块机构

10. 铰链四杆机构中，若最短杆与最长杆长度之和小于其余两杆长度之和，为了获得曲柄摇杆机构，其机架应取_____。

A. 最短杆　　　　　　　　　B. 最短杆的相邻杆

C. 最短杆的相对杆　　　　　D. 任何一杆

四、计算题

1. 根据图 1-6 所示尺寸，计算并判断铰链四杆机构的名称。

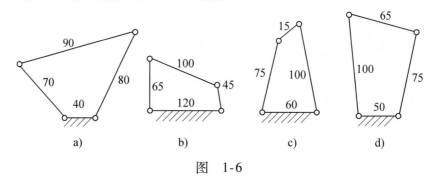

图　1-6

2. 如图 1-7 所示的铰链四杆机构，已知 $l_{AB} = 45\text{mm}$，$l_{BC} = 40\text{mm}$，$l_{CD} = 30\text{mm}$，$l_{AD} = 20\text{mm}$。试问以哪一杆为机架，可以得到曲柄摇杆机构？如果以杆 BC 作为机架，会得到什么机构？如果以 AD 作为机架，会得到什么机构？

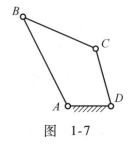

图　1-7

3. 如图 1-8 所示铰链四杆机构中，已知 $l_{BC} = 50\text{mm}$，$l_{CD} = 35\text{mm}$，$l_{AD} = 30\text{mm}$，AD 为机架，试求：

（1）若此机构为曲柄摇杆机构，且 AB 为曲柄，求 l_{AB} 的最大值。

（2）若此机构为双曲柄机构，求 l_{AB} 的最小值。

（3）若此机构为双摇杆机构，求 l_{AB} 的数值范围。

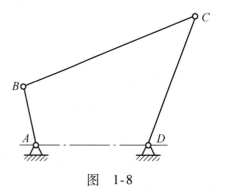

图　1-8

五、综合分析题

1. 用作图法作出如图 1-9 所示曲柄摇杆机构中摇杆的两个极限位置、极位夹角、摇杆摆角及急回方向。

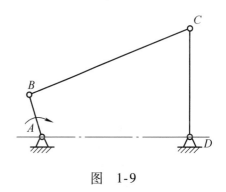

图　1-9

2. 如图1-10所示四杆机构，已知各杆长度分别为 $AB=48\text{mm}$，$BC=120\text{mm}$，$CD=80\text{mm}$，$AD=100\text{mm}$，则：

（1）AB 和 CD 称为_____，BC 称为_____，AD 称为_____。

（2）以 AD 为机架，此机构中_____（填"有"或"无"）曲柄存在。若有曲柄存在，则_____为曲柄，此时机构的名称是_____。

（3）要使该机构为双曲柄机构，应取_____为机架。

（4）要使该机构为双摇杆机构，应取_____为机架。

（5）若其他长度不变，AD 长度变成 80mm，则图示机构名称是_____。

（6）若其他杆长不变，AB 变为 45mm，则 CD 摆角会_____（填"增大""减小""不变"）。

（7）若 $BC=100\text{mm}$，$CD=70\text{mm}$，$AD=60\text{mm}$，AD 为机架，机构为曲柄摇杆机构，AB 为曲柄，则 AB 的最大值是_____；若为双曲柄机构，则 AB 的最小值是_____。

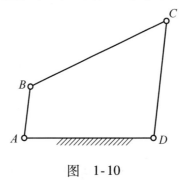

图　1-10

10

第三节　铰链四杆机构的演化

一、填空题

1. 曲柄滑块机构是由_____机构中的_____长度趋于无穷大演化而成的。

2. 改变曲柄滑块中的固定件可得到_____机构、_____机构、_____机构。

3. 曲柄滑块机构分_____曲柄滑块机构和_____曲柄滑块机构两类。

4. 偏心轮机构由_____演化而来,而且只能以_____为主动件。

5. 曲柄滑块机构以曲柄为主动件能将_____运动转换为_____运动,以滑块为主动件能将_____运动转换为_____运动。

6. 对心曲柄滑块机构的行程 $H =$ _____,偏心轮机构的行程 $H =$ _____。

7. 一对心曲柄滑块机构,滑块往复运动速度为 500mm/s,曲柄转速为 60r/min,则曲柄长度为_____ mm。

8. 偏置曲柄滑块机构,要使曲柄能够连续转动,必须满足_____条件。

9. 导杆机构中,当曲柄的长度大于机架的长度时构成_____;导杆机构中,当曲柄的长度小于机架的长度时构成_____。

10. 摆动导杆机构可以将主动曲柄的_____运动转化为从动导杆的_____。

二、判断题

1. 曲柄滑块机构是由曲柄摇杆机构演化来的。　　　　　　　　　　　　(　　)

2. 对心曲柄滑块机构不能以滑块作为主动件。　　　　　　　　　　　　(　　)

3. 摆动导杆机构中的机架长度大于曲柄的长度。　　　　　　　　　　　(　　)

4. 内燃机中的曲柄滑块机构以曲柄为主动件,滑块为从动件。　　　　　(　　)

5. 定块机构是将曲柄滑块机构的滑块固定演化而来的。　　　　　　　　(　　)

6. 偏置曲柄滑块机构的行程等于两倍曲柄长度。　　　　　　　　　　　(　　)

7. 汽车自卸翻斗装置应用的是摇块机构。　　　　　　　　　　　　　　(　　)

8. 手动抽水机应用的是曲柄滑块机构。　　　　　　　　　　　　　　　(　　)

三、选择题

1. 曲柄滑块机构是由_____演化而来的。

　　A. 曲柄摇杆机构　　B. 双曲柄机构　　C. 双摇杆机构　　D. 导杆机构

2. 以下不属于曲柄滑块机构的应用的是_____。

A. 压力机　　　　　B. 内燃机　　　　　C. 搓丝机　　　　　D. 抽水机

3. 下列应用摆动导杆的是_____。

　　A. 自卸翻斗机构　　　B. 牛头刨床横向机构

　　C. 飞机起落架　　　　D. 牛头刨床滑枕机构

4. 图 1-11 所示机构属于_____。

　　A. 转动导杆机构　　　B. 移动导杆机构

　　C. 曲柄滑块机构　　　D. 摆动导杆机构

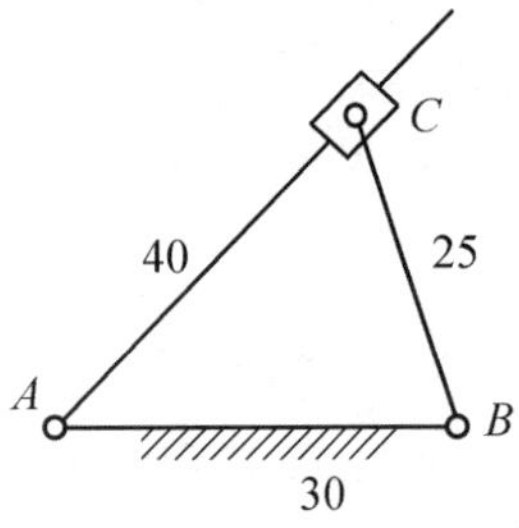

图　1-11

5. 偏心轮机构运动副的个数是_____。

　　A. 2　　　　B. 3　　　　C. 4　　　　D. 5

6. 在铰链四杆机构中，若 $L_1 = L_2 = L_3 > L_4$ 且四杆顺序铰接，则以 L_3 为机架时该机构是_____。

　　A. 曲柄摇杆机构　　　B. 双曲柄机构　　　C. 双摇杆机构　　　D. 摆动导杆机构

7. 牛头刨床的横向进给运动机构中含有_____机构。

　　A. 曲柄摇杆　　　　B. 双摇杆　　　　C. 摆动导杆　　　　D. 转动导杆

8. 图 1-12 所示中，为转动导杆机构的是_____。

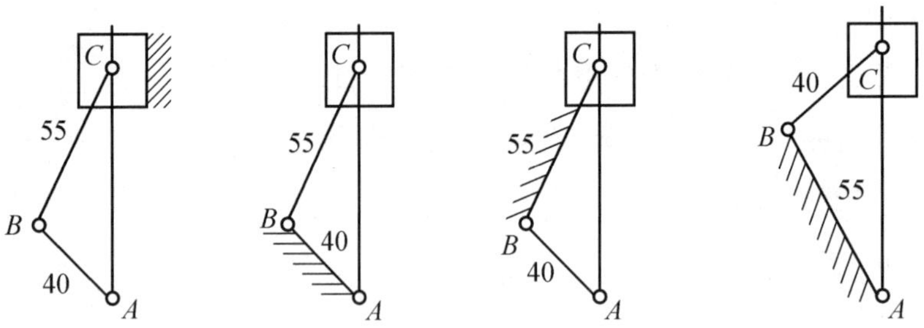

图　1-12

9. 下列应用移动导杆机构的是_____。

　　A. 自卸翻斗机构　　　B. 抽水机

　　C. 飞机起落架　　　　D. 牛头刨床滑枕机构

10. 有一对心曲柄滑块机构，曲柄长为 100mm，则滑块的行程是_____mm。

　　A. 50　　　　B. 100　　　　C. 200　　　　D. 400

四、综合分析题

1. 如图 1-13 所示机构，$AB = 20$mm，$BC = 30$mm，曲柄转速 $n = 60$r/min。

（1）该机构的名称是_____。各构件的名称：①是_____，②是_____，③是_____。

（2）该机构可将_____运动转变成从动件的_____。

（3）③的行程 $H =$_____，③的运动速度 $v =$_____ mm/min。

（4）作出构件③的两个极限位置，标出行程 H。

（5）运动副的数目有_____个，其中移动副_____个。

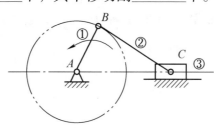

图 1-13

2. 如图 1-14 所示机构，已知 $AB = 20\text{mm}$，$BC = 60\text{mm}$，$e = 10\text{mm}$，主动件曲柄 AB 以 $n = 60\text{r}/\text{min}$ 的转速顺时针方向转动，则：

（1）该机构的名称是_____，该机构由_____演化而来。

（2）若各杆件长度未知，满足 AB 杆件能连续转动的条件是_____。

（3）作图找出图中滑块的两个极限位置、行程 H。

（4）滑块的行程 H = _____，滑块的平均速度 v = _____ mm/min。

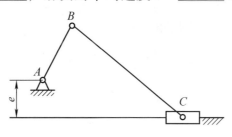

图 1-14

3. 如图 1-15 所示，已知 $AB = 2BC$，则：

（1）该机构的名称为_____。其中，构件 2 的名称是_____，构件 3 的名称是_____，构件 4 的名称是_____。

（2）若改变机构的固定件，则可演化如下：

以构件 3 为机架时，可以得到_____机构。

以构件 4 为机架时，可以得到_____机构。

以构件 2 为机架时，可以得到_____机构。

（3）作出图中滑块 4 的两个极限位置。

（4）若 $AB < BC$，则机构为_____。

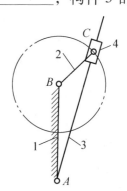

图 1-15

第四节　四杆机构的基本特性

一、填空题

1. 四杆机构中，_____的平均速度大于_____的平均速度的工作特性称为急回特性，实际使用中，利用这一特性缩短_____时间，提高_____。

2. 急回特性用_____来表示，其表达公式为_____。

3. 曲柄摇杆机构中，摇杆处于两极限位置时，曲柄所夹的锐角称为_____，用_____表示。

4. 行程速比系数 K 反映急回特性的大小，K 越大，急回特性越_____；$K=1$ 时，机构_____急回特性。

5. 常见有急回特性的机构有_____、_____、_____。

6. 机构中，某点的压力角是指该点从动件的_____与_____所夹的锐角，用 α 表示。

7. 压力角反映机构的_____性能，压力角越大，_____分力越大，效率越_____。

8. 曲柄摇杆机构中以摇杆为主动件，当_____与_____共线时，会出现机构停顿（"死点"）。

9. 曲柄滑块机构中，若滑块为主动件，曲柄为从动件，"死点"位置是_____与_____共线的位置。

10. 克服"死点"的方法有_____、_____、_____。

11. 平面连杆机构处于"死点"位置时，其压力角等于_____。

12. 某曲柄摇杆机构，曲柄转速为 20r/min，工作行程所需时间为 2s，则极位夹角为_____。

13. 已知某曲柄摇杆机构的工作行程所需时间为 3s，空回行程所需时间为 2s，则该机构的极位夹角值为_____。

14. 图 1-16 所示为一偏置曲柄滑块机构的运动简图。当 AB 曲柄绕 A 点等速转动时，滑块的两个极限位是 C_1 和 C_2，若 $AC_1=2AD$，$AC_2=2DC_2$，则该机构的行程速比系数 $K=$_____。

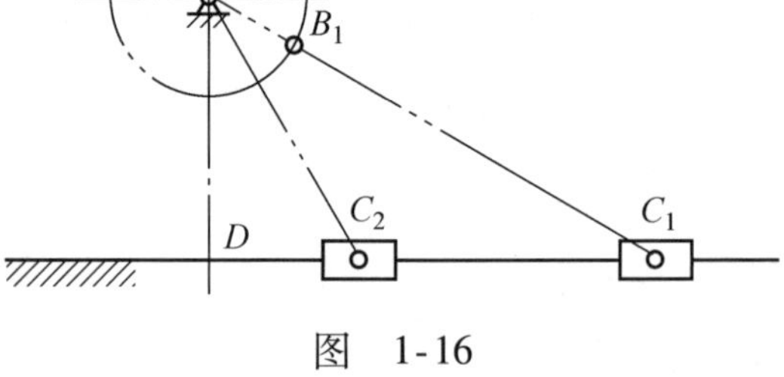

图　1-16

15. 某曲柄摇杆机构的极位夹角为 0°，摇杆摆角为 60°，长度为 100mm，则此机构的曲柄长度为_____mm。

二、判断题

1. 曲柄摇杆机构和曲柄滑块机构中，以摇杆或滑块为主动件就会存在急回特性。（　　）

2. 曲柄摇杆机构中，以曲柄为主动件一定会存在急回特性。（　　）

3. 极位夹角是从动件处于极限位置时，主动件所夹的锐角。（　　）

4. 偏置曲柄滑块机构有急回特性，摆动导杆机构也有急回特性。（　　）

5. 机构的行程速比系数 K 是根据 θ 的大小，通过公式计算得来的。（　　）

6. 急回特性可以用来缩短空回时间，提高工作效率。（　　）

7. 曲柄摇杆机构以摇杆为主动件时，曲柄与连杆共线位置就是"死点"位置。（　　）

8. 在生产实际中，机构的"死点"位置对机构的工作都是不利的，所以要想办法克服。（　　）

9. 常见的铰链四杆机构如曲柄摇杆机构、双曲柄机构、双摇杆机构都有急回特性和"死点"位置。（　　）

10. 偏心轮机构不存在"死点"位置。（　　）

11. 压力角越大，有效分力越大，有害分力越小，机构越省力，效率也越高。（　　）

12. 偏置曲柄滑块机构最小压力角不等于零，对心曲柄滑块机构最小压力角等于零。（　　）

三、选择题

1. 下列机构具有急回特性的是_____。

   A. 平行四边形机构　　B. 曲柄摇杆机构　　C. 双摇杆机构　　D. 对心曲柄滑块机构

2. 曲柄滑块机构若存在"死点"位置，则主动件为_____。

   A. 曲柄　　　　　　B. 连杆　　　　　　C. 连架杆　　　　　　D. 滑块

3. 曲柄摇杆机构有急回特性时，极位夹角 θ 应_____。

   A. >0　　　　　　B. $\geqslant 0$　　　　　　C. <0　　　　　　D. $\leqslant 0$

4. 下列机构没有"死点"位置的是_____。

   A. 平行四边形机构　　　　B. 曲柄为从动件的曲柄摇杆机构

   C. 双摇杆机构　　　　　　D. 两曲柄长度不等的双曲柄机构

5. 曲柄摇杆机构产生"死点"位置的根本原因是_____。

   A. 摇杆为主动件

   B. 从动件运动不确定或卡死

   C. 施加在从动件上的力通过从动件的转动中心

   D. 没有在曲柄上安装一个质量较大的飞轮

6. 曲柄摇杆机构中，利用惯性来通过机构"死点"位置的构件是_____。

   A. 摇杆　　　　　　B. 曲柄　　　　　　C. 连杆　　　　　　D. 主动件

7. 消除"死点"的不正确的方法是_____。

A. 利用大惯性飞轮　　　　B. 利用杆件自身质量

C. 采用多组机构错列　　　　D. 改换机构主动件

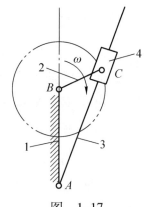

图 1-17

8. 不能利用"死点"特性来工作的机构是_____。

A. 飞机起落架　　　　　　　B. 夹紧机构

C. 牛头刨床横向进给机构　　D. 电器开关分合闸机构

9. 如图 1-17 所示机构，杆 2 为主动件，并做等速转动。已知杆 2 的长度为 40mm，机架 1 的长度为 80mm，则该机构的急回特性系数 K 等于_____。

A. 1.4　　　　B. 2　　　　C. 3　　　　D. 1

10. 已知某曲柄摇杆机构，从动件摇杆的往复运动平均速度为 $v_工 = 0.5\text{rad/s}$，$v_回 = 0.7\text{rad/s}$，则机构的极位夹角为_____。

A. 20°　　　　B. 30°　　　　C. 36°　　　　D. 60°

11. 对心曲柄滑块机构以曲柄为主动件时，机构_____。

A. 有急回特性，有"死点"　　　　B. 有急回特性，无"死点"

C. 无急回特性，无"死点"　　　　D. 无急回特性，有"死点"

12. 下列关于偏心轮机构的描述，正确的是_____。

A. 偏心轮机构存在"死点"位置　　B. 偏心轮机构不存在急回特性

C. 偏心轮机构是一种偏置曲柄滑块机构　　D. 偏心轮机构是一种曲柄摇块机构

13. 偏置曲柄滑块的最小压力角位置有_____。

A. 1 处　　　　B. 2 处　　　　C. 1 处或 2 处　　　　D. 没有

14. 曲柄摇杆机构的传动角是_____。

A. 连杆与从动摇杆之间所夹锐角的余角

B. 连杆与从动摇杆之间所夹的锐角

C. 曲柄与机架共线时，连杆与从动摇杆之间所夹的锐角

D. 机构极位夹角的余角

四、计算题

1. 如图 1-18 所示，$AB = 20\text{mm}$，$BC = 40\text{mm}$，主动件曲柄 AB 以 $n = 60\text{r/min}$ 的转速顺时针方向转动，试求：

（1）极位夹角 θ、最大压力角 $\alpha_{\max}$ 和最小压力角 $\alpha_{\min}$。

（2）滑块的平均速度。

（3）滑块工作行程的平均速度。

（4）滑块空回行程的平均速度。

（5）作出机构的极限位置和图示位置时滑块的压力角。

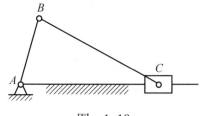

图 1-18

2. 已知图 1-19 所示偏置曲柄滑块的主动件曲柄 AB 以 $n = 60\text{r/min}$ 的转速逆时针方向转动，偏心距 $e = 30\text{mm}$，$AB = (30 - 10\sqrt{3})\text{mm}$，$BC = (30 + 10\sqrt{3})\text{mm}$，试求：

（1）作出机构极限位置、极位夹角 θ 及图示位置时滑块的压力角。

（2）θ、$t_\text{工}$、$t_\text{回}$。

（3）滑块的行程 H。

（4）滑块的平均速度 v 和滑块工作行程平均速度 $v_\text{工}$。

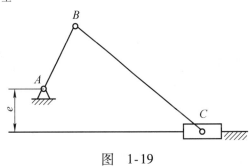

图　1-19

五、综合分析题

1. 图 1-20 所示为平面铰链四杆机构，由主动连架杆 1、连杆 2、从动连架杆 3 和机架 4 组成，各杆长度分别表示为 L_1、L_2、L_3 和 L_4。已知 $L_1 = \dfrac{\sqrt{2}-1}{2}L_4$，$L_2 = \dfrac{\sqrt{2}+1}{2}L_4$，$L_3 = L_4$，解答下列问题。

（1）该机构的名称是＿＿＿＿＿＿＿，若以 AB 为机架，该机构为＿＿＿＿＿＿；若以 CD 为机架，该机构为＿＿＿＿＿＿。

（2）若其他杆长不变，AB 变长，则 CD 的摆动范围将＿＿＿＿（填"增大""减小""不变"）。若其他杆长不变，BC 变长，则 CD 的摆动范围将＿＿＿＿（填"增大""减小""不变"）。

（3）从动件急回方向为＿＿＿＿＿＿。

（4）在图中画出机构的极位夹角 θ、图示位置 C 点的压力角，并标出机构的极限位置。

（5）极位夹角 θ = ＿＿＿＿＿＿°，行程速比系数 K = ＿＿＿＿＿＿。

（6）当杆 1 按图示方向以 600r/min 的转速转动时，杆 3 工作行程所需的时间 t_1 = ＿＿＿＿ s，空回行程所需时间 t_2 = ＿＿＿＿ s。

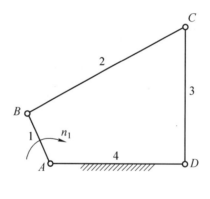

图 1-20

2. 在图 1-21 所示曲柄滑块机构中，已知 $AB = 20\text{mm}$，$BC = 60\text{mm}$，$e = 10\text{mm}$，曲柄 AB 的转速 $n_1 = 60\text{r/min}$，转向如图所示。

（1）若 $e \neq 0$，该机构的名称是＿＿＿＿＿＿；AB 为曲柄的条件是＿＿＿＿＿＿。它是由曲柄摇杆机构的＿＿＿＿＿构件趋于无穷大演化而成的，当 AB 为主动件时，它＿＿＿＿（填"具有"或"不具有"）急回特性，它＿＿＿＿（填"具有"或"不具有"）"死点"位置。

（2）作出极位夹角 θ，以及滑块在图示位置的压力角 α 和最大压力角 $\alpha_{\max}$。

（3）滑块的行程 H = ＿＿＿＿＿，极位夹角 θ = ＿＿＿＿＿。

（4）若 $e = 0$，该机构的名称是＿＿＿＿＿。此时，当 AB 为主动件时，它＿＿＿＿（填

"具有"或"不具有"）急回特性，理由是_____。此时滑块的行程 $H =$ _____。

（5）图示滑块的急回方向是_____。

（6）滑块的平均速度为_____ mm/s，工作行程时间为_____ s，空回行程时间为_____ s，滑块工作行程的平均速度为_____ mm/s，滑块空回行程的平均速度为_____ mm/s。

（7）该机构有_____个运动副，有_____个移动副。

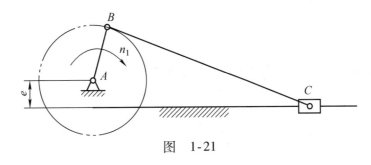

图 1-21

3. 图 1-22 所示为牛头刨床主运动机构，已知 $BC = 10\text{mm}$，$AB = 20\text{mm}$，$AD = 30\text{mm}$，主动件曲柄 BC 的转速 $n = 60\text{r/min}$，则：

（1）该传动由_____和_____机构组成，有_____个运动副，其中_____个移动副。

（2）该传动_____（填"有"或"无"）急回特性，_____（填"有"或"无"）"死点"位置。

（3）在图中作出机构的极位夹角 θ、导杆的极限位置和滑枕的行程。

（4）$K =$ _____，切削行程的时间 $t_1 =$ _____，空回行程时间 $t_2 =$ _____。滑块的平均速度 $v =$ _____ m/s，滑块工作行程的平均速度 $v_1 =$ _____ m/s，滑块空回行程的平均速度 $v_2 =$ _____ m/s，滑块 3 的传动角为_____。

（5）曲柄 BC 的转向为_____。

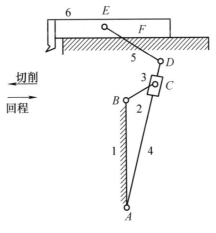

图 1-22

4. 如图 1-23 所示，$AB = 50(\sqrt{2} - 1)$ mm，$BC = 50(\sqrt{2} + 1)$ mm，$AD = 100$mm，$CD = 100$mm，$CE = 200$mm，主动件 AB 以 $n = 60$r/min 的转速顺时针方向转动。分析该机构，完成下列问题。

（1）该机构由_____和_____机构组成，有_____个运动副，其中_____个移动副；该机构可将主动件 AB 的_____运动转化成滑块的_____运动。

（2）该组合机构的滑块_____（填"有"或"无"）急回特性，_____（填"有"或"无"）"死点"位置。

（3）机构 $ABCD$ 中，若以 AB 为机架，该机构为_____机构；若以 CD 为机架，该机构为_____机构；若以 BC 为机架，该机构为_____机构。若其他杆长不变，AB 变长，则 CD 摆角将_____（填"增大""不变""减小"）。若其他杆长不变，BC 变长，则 CD 摆角将_____（填"增大""不变""减小"）。

（4）在图中画出滑块的极限位置及主动件 AB 相应的两个运动位置，并标出 θ。

（5）该机构极位夹角 $\theta =$ _____，CD 摆角 = _____。

（6）机构的行程速比系数 $K =$ _____。

（7）滑块工作行程的时间为_____，空回行程的时间为_____。

（8）滑块的最大压力角为_____。

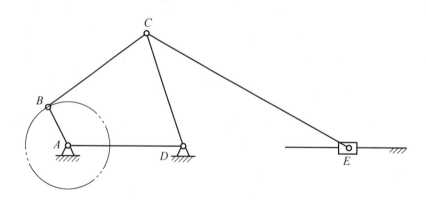

图 1-23

第二章 凸轮机构

第一节 凸轮机构概述

一、填空题

1. 凸轮机构是一种常用机构，通常由_____、_____和_____三个基本构件组成。

2. 含有_____的机构称为凸轮机构，凸轮机构是_____副机构，一般以_____为主动件并做_____或_____运动。

3. 凸轮机构的功能是将凸轮的_____转换为从动件的_____。

4. 凸轮机构按凸轮的形状可分为_____、_____和_____三种。

5. 凸轮机构按从动件末端的结构形式分有_____、_____、_____和_____四种。

6. 柱体凸轮分为_____和_____。盘形凸轮分为_____和_____。

7. 对于传力较大的凸轮机构，应使用_____从动件，传动要求灵敏的场合用_____从动件。

8. _____凸轮机构从动件可获得较大的位移，_____凸轮机构可用于仿形机械。

9. 与平面连杆机构相比，凸轮机构能实现_____运动规律。

10. 盘形凸轮的回转中心趋于_____时，会演变成为移动凸轮。

二、判断题

1. 凸轮机构是高副机构，能实现比较复杂的运动规律，常用于机械自动控制。　（　　）

2. 凸轮机构是高副机构，单位面积上压力高且不能保持良好润滑，因此容易磨损，寿命低。　（　　）

3. 凸轮机构能将回转运动变为从动件的往复摆动。　（　　）

4. 圆柱凸轮机构，凸轮与从动件的运动在同一平面，因此属于平面凸轮机构。　（　　）

5. 尖顶从动件可用于传动要求灵敏，起动速度较快的场合。　（　　）

6. 滚子从动件用于高速传动场合，平底从动件用于重载传动场合。　（　　）

7. 平底从动件要求凸轮轮廓不能有凹形，而尖顶从动件和滚子从动件可用于任意运动规律场合。　（　　）

8. 缝纫机绕线机构应用了凸轮机构中的端面凸轮机构。 （　　）

9. 自动车床靠模机构和仿形车床的刀架进给机构应用了移动凸轮机构。 （　　）

三、选择题

1. 与其他机构相比，凸轮机构最大的优点是_____。

　　A. 空间开阔、便于润滑　　　　B. 制造方便、制造精度高

　　C. 可实现各种预期的运动规律　　D. 从动件行程大

2. 以下属于空间凸轮机构的是_____。

　　A. 移动凸轮　　　　B. 端面凸轮　　　　C. 尖顶式凸轮　　　　D. 盘形槽凸轮

3. 凸轮机构能传递较复杂的运动是因为_____。

　　A. 承受载荷大　　　　B. 传动效率低　　　　C. 滑动摩擦　　　　D. 组成高副机构

4. 在传力较大的凸轮机构中，宜选用_____。

　　A. 尖顶式从动件　　　B. 滚子式从动件　　　C. 平底式从动件　　　D. 曲面式从动件

5. 为提高仪表机构的工作灵敏性，常采用_____。

　　A. 尖顶式从动件　　　B. 滚子式从动件　　　C. 平底式从动件　　　D. 曲面式从动件

6. 转速较高的凸轮机构应采用_____。

　　A. 平底式从动件　　　B. 滚子式从动件　　　C. 曲面式从动件　　　D. 尖顶式从动件

7. 圆柱凹槽凸轮机构一般选用_____。

　　A. 平底式从动件　　　B. 滚子式从动件　　　C. 曲面式从动件　　　D. 尖顶式从动件

8. 当凸轮为一带有凹圆弧的盘形凸轮机构时，绝对不能选用_____。

　　A. 平底式从动件　　　B. 滚子式从动件　　　C. 曲面式从动件　　　D. 尖顶式从动件

9. 下列机构采用了移动凸轮机构的是_____。

　　A. 缝纫机的挑线机构　　　　B. 内燃机配气机构

　　C. 刀架进给机构　　　　　　D. 自动车床靠模机构

四、综合分析题

1. 图 2-1 所示的凸轮机构，凸轮的转向如图所示，回答下列问题。

（1）该机构是_____凸轮机构，从动件是_____式。

（2）该机构共有_____个构件，_____个低副，_____个高副，是_____（填"低副"或"高副"）机构。

（3）图示从动件的运动方向_____。

（4）该机构从动件_____（填"能"或"不能"）用于高速场合，_____（填"能"或"不能"）用于重载场合；若将从动件换成滚子式的，_____（填"能"或"不能"）用于高速场合，_____（填"能"或"不能"）用于重载场合。

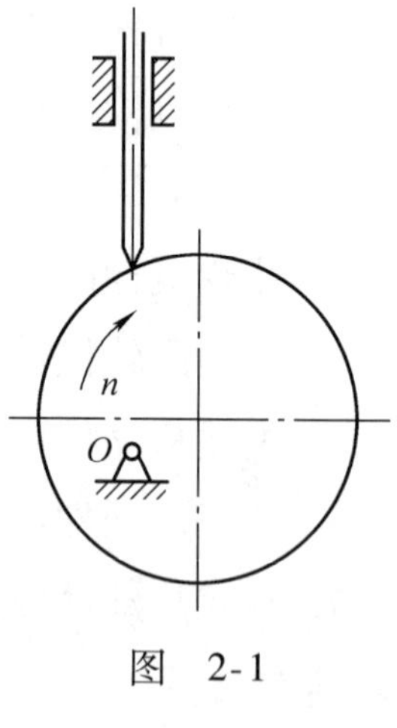

图 2-1

2. 分析图2-2所示的机械传动机构，回答下列问题。

（1）图中有＿＿＿＿个构件，＿＿＿＿低副，＿＿＿＿个高副，是＿＿＿＿（填"低副"或"高副"）机构。

（2）图示机构由＿＿＿＿＿＿机构和＿＿＿＿＿＿机构组成。

（3）填写各构件的名称：1是＿＿＿＿、2是＿＿＿＿、3是＿＿＿＿、4是＿＿＿＿。

（4）图示机构由＿＿＿＿＿运动转换成＿＿＿＿＿运动。

（5）构件1的转向如图所示，构件4的运动方向为＿＿＿＿（填"向上"或"向下"）。

（6）构件1等速转动，构件3＿＿＿＿（填"等速"或"变速"）移动，构件4＿＿＿＿（填"等速"或"变速"）移动。

（7）机构ABC由＿＿＿＿＿机构演变而来，＿＿＿＿（填"有"或"无"）"死点"位置。

（8）构件4不宜用于＿＿＿＿（填"低速""中速""高速"）回转、构件质量＿＿＿＿（填"大""不大"）的场合。

（9）图示凸轮机构常用于＿＿＿＿＿＿机构（填"压力机自动转位""内燃机气阀控制""自动车床靠模"）。

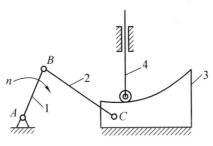

图 2-2

第二节　凸轮机构的工作原理

一、填空题

1. 凸轮轮廓上任意一点到凸轮回转中心之间的距离称为_____，凸轮轮廓上最小半径所作的圆称为_____，其半径用_____表示。

2. 从动件自最低位置升到最高位置称为_____，此时凸轮的转角称为_____。

3. 凸轮机构最少得有_____和_____两个运动过程。

4. 凸轮理论轮廓线上_____与_____之差等于凸轮的行程。

5. 对于盘形凸轮机构，当凸轮只有转动而没有径向尺寸变化时，从动件将_____。

6. 滚子从动件的凸轮机构，其理论轮廓线与凸轮实际轮廓线为法向_____。

7. 凸轮_____上某点从动件_____方向和从动件_____方向之间所夹的锐角，称为凸轮机构在该位置的压力角，用 α 表示。

8. 随着凸轮机构的压力角 α 增大，有害分力将会_____，使从动件易"自锁"，一般对于移动式从动件要求升程 α 限制在_____，摆动式升程时，α 限制在_____。

9. 平面凸轮机构基圆半径越大，机构的尺寸越_____，压力角越_____；基圆半径越小，压力角越_____，传动越_____（填"省力"或"费力"）。

10. 影响滚子从动件凸轮机构的工作性能的主要参数有_____、_____和滚子半径。

11. 滚子从动件的基圆是指凸轮_____上最小向径所画的圆。

12. 滚子从动件凸轮机构中，为使从动件运动不失真，必须限制滚子半径在_____范围内。

13. 等速运动规律的凸轮机构中，位移曲线是一条_____线，速度曲线是一条_____线。

14. 等加速运动规律的凸轮机构中，位移曲线是一条_____线，速度曲线是一条_____，加速度曲线是一条_____线。

15. 凸轮的运动规律由_____决定。

16. 等速运动规律从动件的位移 s 与凸轮转角 φ 的关系可用_____曲线图表示。

17. 等速运动规律凸轮机构存在_____冲击，因此只能用于_____场合。

18. 采用_____和_____方法可以减小凸轮机构刚性冲击。

19. 等加速等减速凸轮机构存在_____冲击，适用于_____场合。

20. 某凸轮机构从动件用于控制刀具进给运动，则切削阶段从动件采用_____运动规律。

二、判断题

1. 凸轮的基圆半径是凸轮实际轮廓线上的最小回转半径。 （　　）

2. 凸轮的压力角是凸轮上某点法线方向与运动速度方向所夹的锐角，一般该角度恒定不变。 （　　）

3. 凸轮转过一周的时间与从动件运动一个周期时间相等。 （　　）

4. 一个滚子半径为 5mm 的滚子从动件损坏后，可以更换为半径为 4mm 的滚子从动件。 （　　）

5. 一个凸轮只有一种运动规律。 （　　）

6. 盘形凸轮的行程是与基圆半径成正比的，基圆半径越大，行程也越大。 （　　）

7. 盘形凸轮的压力角与行程成正比，行程越大，压力角也越大。 （　　）

8. 凸轮机构的压力角增大时，对凸轮机构的工作有害。 （　　）

9. 盘形凸轮的结构尺寸与基圆半径成正比。 （　　）

10. 滚子从动件凸轮机构压力角随凸轮的转动而时刻变化，平底从动件凸轮机构压力恒为零。 （　　）

11. 凸轮机构中，升程一定时，基圆半径增大，压力角也随之增大。 （　　）

12. 在确定凸轮基圆半径的尺寸时，首先应考虑凸轮的外形尺寸不能过大，而后再考虑压力角的影响。 （　　）

13. 选择滚子从动件滚子的半径时，必须使滚子半径小于凸轮实际轮廓曲线外凸部分的最小曲率半径。 （　　）

14. 滚子从动件的理论轮廓线是由实际轮廓线偏移一个滚子半径得到的。 （　　）

15. 凸轮工作时，凸轮的旋转方向改变则从动件的运动规律也改变。 （　　）

16. 对于同一种从动件运动规律，使用不同类型的从动件所设计出来的凸轮的实际轮廓是相同的。 （　　）

17. 从动件按等速运动规律运动时，推程起始点存在刚性冲击，因此常用于低速的凸轮机构中。 （　　）

18. 等加速等减速运动规律会引起柔性冲击，因而这种运动规律适用于中速、轻载的凸轮机构。 （　　）

19. 在自动车床中，如果采用凸轮控制刀具的进给运动，则在切削加工阶段时，从动件应采用等速运动规律。 （　　）

20. 为了避免产生刚性冲击，通常在位移曲线转折处采用圆弧过渡进行修正，修正圆弧半径 r 取行程 $h/2$。 （　　）

三、选择题

1. 凸轮机构的从动件选用等速运动规律时，其从动件的运动_____。

A. 将产生刚性冲击　　　　　B. 将产生柔性冲击

C. 没有冲击　　　　　　　　D. 既有刚性冲击又有柔性冲击

2. 凸轮机构中的压力角是指_____间的夹角。

   A. 凸轮上接触点的法线与从动件的运动方向

   B. 凸轮上接触点的法线与该点的线速度方向

   C. 凸轮上接触点的切线与从动件的运动方向

   D. 凸轮上接触点的切线与该点的线速度方向

3. 凸轮机构的从动件选用等加速等减速运动规律时，其从动件的运动_____。

   A. 将产生刚性冲击　　　　　B. 将产生柔性冲击

   C. 没有冲击　　　　　　　　D. 既有刚性冲击又有柔性冲击

4. 等加速等减速运动规律的位移曲线是_____。

   A. 斜直线　　　　B. 一段抛物线　　　　C. 圆弧　　　　D. 两段抛物线

5. 决定凸轮机构从动件预定运动规律的是_____。

   A. 凸轮转速　　　B. 凸轮类型　　　C. 凸轮轮廓曲线　　D. 基圆大小

6. 对心滚子式凸轮机构，基圆与实际轮廓线_____。

   A. 相切　　　　　B. 相交　　　　　C. 相离　　　　D. 重合

7. 当凸轮机构某一位置出现卡死时，常采用的避免方法是_____。

   A. 增大基圆半径　　　　　　B. 减小基圆半径

   C. 改变凸轮轮廓曲线形状　　D. 加快凸轮转速

8. 在图 2-3 所示的凸轮机构中，所画的压力角正确的是_____。

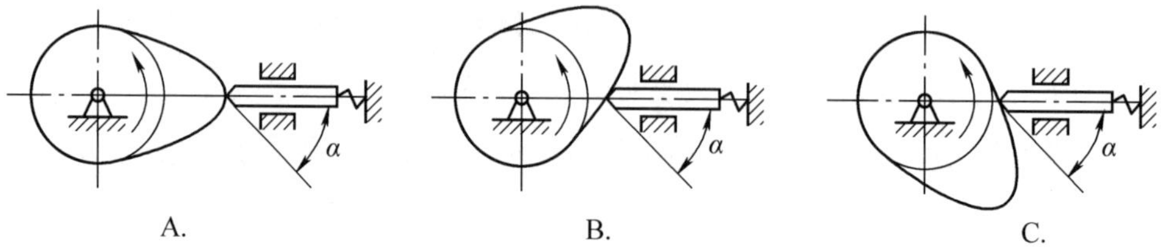

图　2-3

9. 移动式凸轮机构中，从动件推程压力角限制为_____。

   A. $\alpha \leqslant 80°$　　　B. $\alpha \leqslant 45°$　　　C. $\alpha \leqslant 30°$　　　D. $\alpha > 45°$

10. 摆动从动件凸轮机构为使从动件在推程中不被卡死，压力角的取值范围为_____。

    A. $\alpha \leqslant 30°$　　　B. $\alpha \leqslant 45°$　　　C. $70° \sim 80°$　　　D. 任意

11. 凸轮机构的压力角与凸轮轮廓曲线的弯曲程度的关系为_____。

    A. 压力角越大，轮廓曲线越平直

    B. 压力角越大，轮廓曲线越弯曲

    C. 压力角越小，轮廓曲线越弯曲

D. 不确定

12. 有一尖顶式从动件凸轮机构，若凸轮不变，改为用滚子从动件，其运动规律_____。

　　A. 不一定变　　B. 改变　　　　C. 不变　　　　D. 都不正确

13. 滚子从动件凸轮机构从动件运动不失真的条件是_____。

　　A. $r_t > \rho_{min}$　　B. $r_t = \rho_{min}$　　C. $r_t < \rho_{min}$　　D. $r_t > 0.8\rho_{min}$

14. 图 2-4 所示为从动件位移曲线图，该机构产生刚性冲击的点为_____。

　　A. a 点　　　　B. b 点　　　　C. c 点　　　　D. e 点

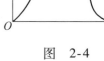

图　2-4

15. 一个偏心距为 R 的圆盘凸轮机构，从动件的滚子半径也为 R，则该凸轮的行程为_____。

　　A. R　　　　B. $2R$　　　　C. 0　　　　D. $R/2$

四、计算题

1. 图 2-5 所示为一对心尖顶推杆盘状凸轮机构，凸轮轮廓为一偏心圆，该圆直径 $D = 40mm$，偏距 $e = 10mm$，凸轮逆时针方向转动。试求：

（1）画出基圆，并求出基圆半径 r_b 的值。

（2）凸轮转过 90° 后，从动件的位移。

（3）画出图示位置凸轮的压力角，并计算最大压力角。

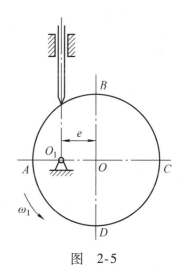

图　2-5

2. 盘形凸轮顺时针方向转动，尖顶从动杆的中心线通过凸轮中心，基圆半径为 30mm，从动杆运动规律见下表。

φ	0° ~ 180°	180° ~ 270°	270° ~ 360°
s	等加速等减速上升至18mm	停止不动	等速下降至原处

（1）试画出位移曲线。

（2）画出速度、加速度曲线。

（3）指出产生刚性冲击和柔性冲击的位置。

3. 在直动尖顶推杆盘形凸轮机构中，如图 2-6 所示的推杆运动规律尚不完全，试在图上补全各段的位移、速度、加速度曲线，并指出哪些位置有刚性冲击，哪些位置有柔性冲击。

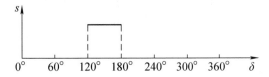

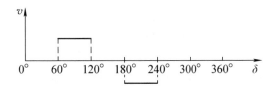

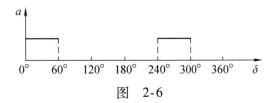

图 2-6

五、综合分析题

1. 如图 2-7 所示盘形凸轮，圆盘的半径为 R，滚子半径为 r，凸轮能正常工作。分析该机构，完成下列问题。

（1）画出基圆、理论轮廓曲线和图示位置压力角，指出实际轮廓曲线。

（2）当凸轮上 A、B 两点与从动件接触时，压力角分别为_____和_____。

（3）凸轮升程角 δ 和从动件相应的行程 h 分别为_____和_____。

（4）该机构能正常工作，说明_____、_____、_____参数选择合适。

（5）为使此机构运动不"失真"，应使_____；在推程中，为使机构不产生自锁现象，压力角应_____。如果此机构在运动过程中有自锁现象，可以适当地增大_____。

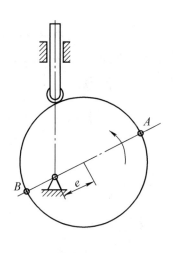

图 2-7

2. 图 2-8 所示为盘形凸轮机构，凸轮的实际轮廓线由两段圆弧构成，小圆弧的圆心为 O_1，大圆弧的圆心为 O_2，从动杆滚子的中心位置为 O_3。试解答下列问题。

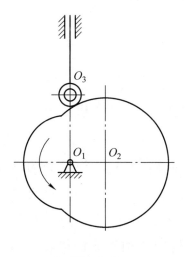

图 2-8

（1）在图中画出凸轮的理论轮廓线。

（2）在图中画出凸轮的基圆。

（3）在图中画出图示位置的压力角。

（4）凸轮轮廓线上，机构压力角为零的点有_____个，机构压力角取得最大值的点有_____（填"一个""两个"或"无数个"）。

（5）凸轮由图示位置逆时针方向转过_____°后，从动杆将首次抵达最高位置。

（6）设小圆弧半径为 R_1，大圆弧半径为 R_2，圆心 O_1、O_2 之间距离为 L_{12}，则从动杆行程 H 的表达式为_____。

（7）为避免该机构发生自锁现象，推程压力角应小于或等于_____°。

（8）在设计凸轮时，为了改善从动杆的受力状况，可适当将大圆弧圆心 O_2 的位置_____（填"左移"或"右移"）。

3. 如图 2-9 所示组合机构，四杆机构各杆长度为 $l_{AB} = 104mm$，$l_{AD} = 132mm$，$l_{DC} = 78mm$，$l_{BC} = 96mm$；凸轮 1 绕 O 点做等速转动，其外轮廓 MN 是以 O 为圆心的一段圆弧，它的回转半径 r 最小。分析该机构，解答下列问题。

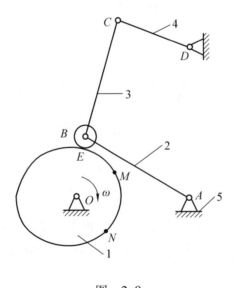

图　2-9

（1）该组合机构有_____个低副。该组合机构称为_____（填"高副"或"低副"）机构。

（2）在四杆机构 $ABCD$ 中，根据构件 2 和 3 的相对运动情况，它们组成的运动副是_____；该四杆机构属于_____（填"双曲柄""双摇杆"或"曲柄摇杆"）机构；该四杆机构在图示情况下可实现运动的_____（填"放大"或"缩小"）。

（3）构件 1、2 和 5 组成的机构中，构件 2 的摆动角度一般应尽可能_____（填"大"或"小"）；为了保证构件 2 有较好的传动性能，一般规定，该机构在推程时压力角 α 应满足_____的要求；凸轮_____半径的取值与压力角有关。

（4）图示情况下，该组合机构_____（填"能"或"不能"）将构件4作为主动件。

（5）构件1、2和5组成的机构中，若从动件的运动规律为等加速等减速运动，则机构存在_____冲击，故该运动规律只适用于_____（填"高速重载""中速轻载"或"高速轻载"）的场合。

4. 如图2-10所示为对心盘形凸轮机构，凸轮以角速度 $\omega = 10°/s$ 逆时针方向转动，从动件做"升—停—降—停"的运动循环，升程做等速运动规律，回程做等加速等减速运动规律（加速段和减速段时间、位移相等）。已知滚子直径为15mm，$\varphi_1 = \varphi_3 = 100°$，$\varphi_2 = 70°$，$\varphi_4 = 90°$，行程 $h = 40$mm，试回答下列问题。

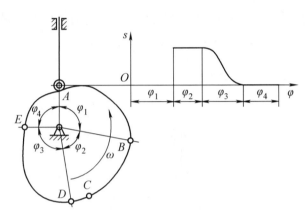

图 2-10

（1）在图中画出凸轮的基圆。

（2）在图中补画出从动件升程段的位移曲线。

（3）机构运动过程中，D 点处产生_____冲击。

（4）机构运动过程中，C 点处的压力角为_____。

（5）从动件回程需要的时间为_____s。

（6）从动件在升程中的平均速度为_____mm/s。

（7）凸轮从图示位置转过60°时，从动件位移为_____mm；凸轮从图示位置转过220°时，从动件位移为_____mm。

（8）在升程中，为了避免刚性冲击，通常在位移曲线转折处采用圆弧过渡进行修正，修正圆弧半径一般等于行程的_____倍。

（9）为防止该机构从动件发生自锁现象，一般规定推程压力角的最大值为_____。

5. 如图2-11所示为某组合机构，件1的轮廓线是半径 $r = 30$mm 的圆，旋转中心 D 与 A、G 共线，机构中各杆的尺寸为 $L_{AB} = L_{CD} = 15$mm，$L_{BC} = L_{DA} = 50$mm。试回答下列问题。

（1）该组合机构由_____机构和_____机构（填"平行四边形""反向平行双

曲柄"等）基本机构组成。

（2）轮1的基圆半径 $r_0 =$ ＿＿＿＿＿ mm。

（3）作出图示位置件2的压力角 α，该压力角的值是＿＿＿＿＿＿＿＿。

（4）件2上升运动时，必须满足＿＿＿＿＿＿＿＿＿条件，才能避免产生自锁。

（5）在图中标出件1的理论轮廓曲线。

（6）件1轮廓曲线上的＿＿＿＿＿位置与件2接触时，会出现最小压力角；件1轮廓线上的＿＿＿＿＿＿（填"G""E""H"或"F"）位置与件2接触时，会出现最大压力角。

（7）机构 $ABCD$ 中，主动件 AB 每转动一周，出现＿＿＿＿＿次死点。此时机构压力角的值是＿＿＿＿＿＿＿＿＿。

（8）机构 $ABCD$ 的运动特点是主、从动件的＿＿＿＿相同，主、从动件的＿＿＿＿相等。

（9）当杆 AB 由图示位置转过90°时，件2的位移 $s =$ ＿＿＿＿＿＿＿＿ mm。

（10）件2的行程 $h =$ ＿＿＿＿＿ mm。

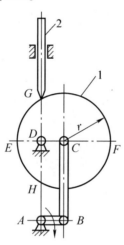

图 2-11

第三章　间歇运动机构

第一节　棘轮机构

一、填空题

1. 将主动件的_____转变为从动件周期性_____的单向运动机构，称为间歇运动机构。

2. 棘轮机构主要由_____、_____和_____组成，是_____副机构。

3. 棘轮机构按结构分为_____和_____，其中_____可实现无级调节。

4. 棘轮机构按运动形式分，有_____、_____和_____。其中_____棘轮的齿形做成对称齿形，_____棘轮的棘爪往复摆动一次，棘轮动作两次。

5. 棘轮的转角调节方法有_____、_____。其中，_____不适用于摩擦式棘轮机构。

6. 一棘轮有 60 个齿，则该棘轮机构最小转角是____°，最小转角由_____决定。

7. 已知一棘轮的转角是 30°时转过 5 个齿，则该棘轮最小转角是_____°。

8. 齿式棘轮机构存在_____冲击，所以只能用在低速和轻载的场合；_____棘轮机构常用于超越离合器。

9. 为保证棘轮在工作中的_____可靠和防止棘轮的_____，棘轮机构应当装有止回棘爪。

10. 起重设备中常用_____棘轮机构，牛头刨床横向进给机构中常用_____棘轮机构；能实现转角无级调节的是_____棘轮机构；自行车后飞轮的内部结构采用了_____棘轮机构。

二、判断题

1. 能实现间歇运动要求的机构，不一定都是间歇运动机构。　　　　　（　　）

2. 能使从动件周期性地时停、时动的机构，都是间歇运动机构。　　　（　　）

3. 棘轮机构，必须具有止回棘爪。　　　　　　　　　　　　　　　（　　）

4. 棘轮机构只能用在要求间歇运动的场合。　　　　　　　　　　　　（　　　）

5. 棘轮机构中，棘轮可以作为主动件。　　　　　　　　　　　　　　（　　　）

6. 与双向式对称棘爪相配合的棘轮，其齿槽必定是梯形槽。　　　　　（　　　）

7. 棘轮的转角大小是可以调节的。　　　　　　　　　　　　　　　　（　　　）

8. 双向式棘轮机构的棘轮转角大小是不能调节的。　　　　　　　　　（　　　）

9. 摩擦式棘轮机构可以实现无级调节。　　　　　　　　　　　　　　（　　　）

10. 利用曲柄摇杆机构带动的棘轮机构，棘轮的转向和曲柄的转向相同。（　　　）

11. 利用调位遮板，既可以调节棘轮的转向，又可以调节棘轮转角的大小。（　　　）

12. 摩擦式棘轮机构可以做双向运动。　　　　　　　　　　　　　　　（　　　）

三、选择题

1. 棘轮机构的主动件做_____。

　　A. 连续转动　　　B. 往复摆动　　　C. 单向摆动　　　D. 间歇运动

2. 曲柄摇杆机构中，摇杆带动棘爪往复摆动，若增大曲柄的长度，则棘轮的转角_____。

　　A. 减小　　　　　B. 增大　　　　　C. 不变　　　　　D. 变化不能确定

3. 常见棘轮齿形是_____。

　　A. 锯齿形　　　　B. 三角形　　　　C. 梯形　　　　　D. 矩形

4. 要实现棘轮转角大小的任意改变，应选用_____。

　　A. 可变向棘轮机构　　　　B. 双动式棘轮机构

　　C. 摩擦式棘轮机构　　　　D. 防逆转棘轮机构

5. 双动式棘轮机构与单动式棘轮机构相比较，同等条件下，前者工作中停歇时间_____。

　　A. 长　　　　　　B. 短　　　　　　C. 不确定　　　　D. 相同

6. 需经常改变棘轮回转方向时，可采用_____。

　　A. 单动式棘轮机构　　　　B. 可变向棘轮机构

　　C. 双动式棘轮机构　　　　D. 单向棘轮机构

7. 牛头刨床工作台调节进给量采用的是_____。

　　A. 非遮板式棘轮机构　　　B. 间歇齿轮机构

　　C. 摩擦式棘轮机构　　　　D. 遮板式棘轮机构

8. 在单向间歇运动机构中，应用棘轮机构的场合是_____。

　　A. 低速轻载　　　B. 高速轻载　　　C. 低速重载　　　D. 高速重载

四、计算题

1. 如图 3-1 所示，棘轮机构由曲柄摇杆机构驱动，已知棘轮齿数 $z = 16$，B 点可调，摇杆 CD 的最大摆角 $\psi = 90°$，试回答下列问题。

（1）摇杆摆动一次棘轮最多转过多少个齿？

（2）棘轮最小转角是多少？

（3）该棘轮能不能一次转过50°？为什么？

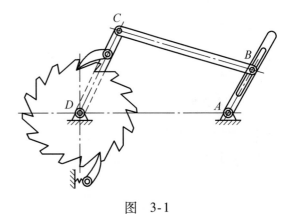

图 3-1

2. 图3-2所示是曲柄摇杆机构和棘轮机构构成的组合机构，已知AB为曲柄，且为主动件，摇杆CD的行程速比系数$K=1$，摇杆$CD=200\text{mm}$，摇杆的极限位置为C_1D和C_2D与机架所成的角度分别是$\angle ADC_1=30°$和$\angle ADC_2=90°$。棘轮齿数$z=60$，改变遮板位置可以调节棘轮的转角。试求：

（1）曲柄AB和连杆BC的长度。

（2）机架AD的长度。

（3）棘爪往复一次，棘轮转过的最多齿数$k_{\max}$。

（4）棘爪往复一次，棘轮转角为18°时，在摇杆摆角范围内应遮住的棘齿数k'。

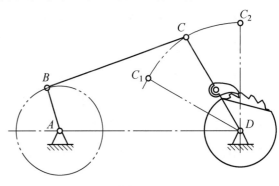

图 3-2

第二节　槽轮机构

一、填空题

1. 槽轮机构由_____、_____和_____组成，是_____副机构。

2. 槽轮机构能把主动件的_____运动转换为从动件周期性的_____运动。

3. 槽轮机构的主动件是_____，它以等角速度做_____运动，具有_____槽的槽轮是从动件，由它来完成间歇运动。

4. 在槽轮机构中，要使主、从动件转向相同，应采用_____槽轮机构。

5. 槽轮的转角 φ 与槽轮的_____有关，关系式是_____。

6. 槽轮机构锁止弧的作用是_____。

7. 有一双圆销外啮合槽轮机构，其槽轮有 6 条径向槽，当主动件拨盘转两圈时，槽轮完成_____次动作，转过_____°。

8. 有一双圆销外啮合槽轮机构，其槽轮有 6 条径向槽，主动件转速 $n = 60\mathrm{r/min}$，一个周期内，槽轮运动时间为_____，停歇时间为_____。

9. 内啮合槽轮机构的从动件是_____，圆销数为_____。

10. 槽轮机构主要应用在从动槽轮每次转角_____且_____的传动机构中以及自动机床的换刀机构中。

二、判断题

1. 槽轮机构和棘轮机构一样，可以方便地调节槽轮转角的大小。　　　　　　（　　）

2. 槽轮机构运动平稳性好于棘轮机构。　　　　　　　　　　　　　　　　（　　）

3. 槽轮机构必须有锁止圆弧，且只有槽轮有锁止圆弧。　　　　　　　　　（　　）

4. 槽轮的锁止圆弧可以是凸圆弧，也可以是凹圆弧。　　　　　　　　　　（　　）

5. 主动件转速一定时，槽轮机构的槽轮间歇运动周期只取决于曲柄的数目。（　　）

6. 内啮合槽轮机构的圆销数只能为 1 个。　　　　　　　　　　　　　　　（　　）

7. 不改变槽轮的槽数，增加圆销数，则槽轮的转角不变，但静止不动的时间将变短。

　　　　　　　　　　　　　　　　　　　　　　　　　　　　　　　　　（　　）

8. 槽轮机构无刚性冲击可以实现高速传动。　　　　　　　　　　　　　　（　　）

三、选择题

1. 槽轮机构中，主动件是_____。

　　A. 槽轮　　　　　B. 机架　　　　　C. 径向槽　　　　D. 带圆销的曲柄

2. 槽轮每次转过的角度的决定因素是_____。

    A. 圆销个数   B. 曲柄转速   C. 径向槽数   D. 曲柄长度

3. 单圆销内啮合槽轮机构工作中的停歇时间_____单圆销外啮合槽轮机构。

    A. 小于   B. 等于   C. 大于   D. 大于或等于

4. 对于六槽双圆销外啮合槽轮机构，曲柄每回转 1 周，槽轮转过_____。

    A. 45°   B. 90°   C. 60°   D. 120°

5. 一内啮合槽轮机构，槽轮有 6 条径向槽，要使槽轮顺时针方向旋转 2 周，曲柄应_____。

    A. 顺时针方向旋转 2 周   B. 顺时针方向旋转 12 周

  C. 逆时针方向旋转 2 周   D. 逆时针方向旋转 12 周

6. 槽轮机构的槽数 $z = 6$，且槽轮静止时间为其运动时间的 2 倍，则圆销的数目为_____。

    A. 1   B. 2   C. 3   D. 4

7. 以下机构不带锁止圆弧的是_____。

    A. 压制蜂窝煤工作台间歇机构   B. 六角车床刀架转位机构

    C. 放映机卷片机构   D. 压力机自动转位机构

8. 电影放映机的卷片机构采用了_____。

    A. 非遮板式棘轮机构   B. 间歇式棘轮机构

    C. 槽轮机构   D. 遮板式棘轮机构

四、计算题

1. 某台自动车床装有一个四槽外啮合槽轮机构，圆销数 $K = 1$。若已知槽轮停歇时，完成工艺所需时间为 30s，试求：

（1）曲柄的转速。

（2）槽轮转位所需时间。

2. 电影放映机卷片过程由槽轮机构实现，已知胶片以每秒 24 张的速度通过镜头，$K=1$，$Z=6$，试求：

（1）槽轮转位时间 t_1。

（2）每个画面的停留时间 t_2。

（3）曲柄转速 n_1。

（4）若 $K=2$，求每个画面切换时间 t'。

第二篇　金属材料常识

第四章　金属材料及其热处理

第一节　金属材料的力学性能

一、填空题

1. 金属材料的性能包括_____性能和_____性能两大类。

2. 力学性能的主要指标有_____、_____、_____、_____和_____等。

3. 强度、塑性指标一般是通过_____试验获得，试验中长圆柱形试样长径比为_____，短圆柱形试样长径比为_____。

4. 抗拉强度是指材料断裂前所能承受的_____。

5. 塑性是指金属材料断裂前_____的能力，常用指标有断后伸长率和断面收缩率，对应符号是_____和_____。

6. 拉伸试验常采用比例试样，国际上常采用的比例系数 K 有_____和_____两种。

7. 断面收缩率的计算公式为_____，断后伸长率的计算公式为_____。

8. 硬度是指金属材料在静载荷作用下抵抗_____的能力。

9. 硬度的测试方法很多，常用的有_____、_____和_____，分别用 HB、HR、HV 表示。

10. 洛氏硬度常用的有_____、_____和_____三种标尺。

11. 50HRC 表示用 C 标尺测定的_____值为50。

12. 冲击韧性是指金属材料抵抗_____载荷作用而_____的能力，用冲断试样所吸收的_____来表示。

13. 冲击韧性值是通过_____试验获得的。

14. 金属材料在无限多次_____作用下，不发生破坏的最大应力称为疲劳强度。

二、判断题

1. 强度、塑性都是在冲击载荷作用下表现出来的力学性能。　　　　　（　　）

2. 塑性变形是指材料在外力作用下发生的变形，外力去除后，变形随之消失。　（　　）

3. 高碳钢、铸铁等材料进行拉伸试验时，没有明显的屈服现象。　　　（　　）

4. 同一材料，长试样的断后伸长率和短试样的断后伸长率数值是相等的。　（　　）

5. 断后伸长率 A、断面收缩率 Z 值越大，说明材料塑性越好。　　　（　　）

6. 一标准长试样，截面积为 $78.5mm^2$，测得拉断后长度为 $120mm$，则断后伸长率为 20%。　　　　　　　　　　　　　　　　　　　　　　　　（　　）

7. 布氏硬度常用于测试成品零件、薄壁零件的硬度。　　　　　　　（　　）

8. 洛氏硬度中，HRA 和 HRC 采用的都是金刚石压头。　　　　　　（　　）

9. 维氏硬度可测定从较软的到极硬的金属材料的硬度。　　　　　　（　　）

10. 冲击吸收能量 K 值越低，说明金属材料的冲击韧性越好。　　　（　　）

11. 只有脆性材料的疲劳断裂才是突然发生的，会造成严重事故。　　（　　）

12. 锻造之前对钢进行加热处理，目的是提高钢的塑性。　　　　　　（　　）

三、选择题

1. 一般情况下，设计和选择零件材料的主要依据是＿＿＿＿＿＿。

　　A. 抗拉强度　　　　B. 冲击韧性　　　　C. 屈服强度　　　　D. 硬度

2. 做拉伸试验时，采用圆柱形试样，若试样长度 L_o 与其直径 d_o 的关系是 $L_o = 10d_o$，则比例系数 K 为＿＿＿＿＿＿。

　　A. 5　　　　　　　B. 5.65　　　　　　C. 10　　　　　　　D. 11.3

3. 工业上，使用高碳钢、铸铁进行拉伸试验时，一般没有明显的屈服现象，通常作为金属材料屈服强度的指标是＿＿＿＿＿＿。

　　A. 下屈服强度 R_{eL}　　　　　　　　B. 上屈服强度 R_{eH}

　　C. 抗拉强度 R_m　　　　　　　　　D. 残余延伸强度 R_r

4. 金属材料的塑性越好，＿＿＿＿＿＿也越好。

　　A. 铸造性　　　　B. 可加工性　　　　C. 可锻性　　　　D. 热处理性

5. 一般测定铝合金硬度的方法是＿＿＿＿＿＿。

　　A. HBW　　　　　B. HRA　　　　　　C. HRC　　　　　　D. HV

6. 一般测定铸铁硬度的方法是＿＿＿＿＿＿。

　　A. HV　　　　　　B. HRC　　　　　　C. HRA　　　　　　D. HBW

7. 一般测定淬火钢硬度的方法是＿＿＿＿＿＿。

　　A. HBW　　　　　B. HRB　　　　　　C. HRC　　　　　　D. HV

8. 一般测定退火钢硬度的方法是＿＿＿＿＿＿。

A. HRA   B. HBW   C. HRC   D. HV

9. 一般测定金刚石、立方氮化硼硬度的方法是_____。

A. HV   B. HRC   C. HBW   D. HRB

10. 采用120°金刚石圆锥压头测量金属材料硬度的是_____。

A. HBW   B. HRC   C. HRBW   D. HV

11. 通过测量压痕对角线长度，查表后得出硬度值的是_____。

A. HBW   B. HRA   C. HRC   D. HV

12. 一般试验规定，钢在经受_____次交变载荷作用时不发生断裂的最大应力称为疲劳强度。

A. 10^2 B. 10^5 C. 10^7 D. 10^8

四、计算题

1. 用一直径为10mm的长圆柱形试样做拉伸试验，当载荷达到21kN时，发生塑性变形；当载荷达到29kN时，发生缩颈现象。拉断后，试样标记长度为138mm，截面直径为5.65mm，试分别计算该材料的抗拉强度 R_m、下屈服强度 R_{eL}、断后伸长率 $A_{11.3}$ 和断面收缩率 Z。

2. 用一低碳钢制成的长试样做拉伸试验，已知该试样的原始标距为100mm，试样拉断后的断后伸长率为58%，断面收缩率为75%，试计算试样拉断后的标距长度 L_u 和缩颈处的最小直径 d_u。

五、综合分析题

图 4-1 所示为低碳钢拉伸曲线图，分析并回答下列问题。

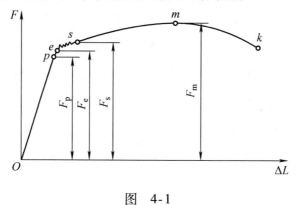

图　4-1

（1）横坐标表示＿＿＿＿＿＿＿，纵坐标表示＿＿＿＿＿＿＿＿。

（2）在拉伸过程中，金属材料会出现＿＿＿＿＿＿阶段、＿＿＿＿＿＿阶段、＿＿＿＿＿阶段和＿＿＿＿＿＿阶段四个阶段。

（3）在拉力达到 F_p 之前，去除拉力，变形将＿＿＿＿＿＿。

（4）材料断裂前，最大拉力与试样的＿＿＿＿＿＿＿＿＿比值称为材料的抗拉强度。

（5）铸铁等脆性材料在拉伸过程中，没有明显的屈服现象，一般以＿＿＿＿＿＿＿＿＿表示其屈服强度指标。

第二节 非合金钢

一、填空题

1. 钢按化学成分可分为＿＿＿＿＿＿、＿＿＿＿＿＿和＿＿＿＿＿＿三大类。

2. 钢按碳的质量分数不同可分为＿＿＿＿＿、＿＿＿＿＿和＿＿＿＿三大类。

3. Q235A 表示＿＿＿＿＿＿＿ ≥ 235MPa，质量等级为＿＿＿＿＿＿，脱氧方法为＿＿＿＿＿＿的碳素结构钢。

4. 08F 按碳的质量分数分属于＿＿＿＿钢，按钢中硫、磷含量分属于＿＿＿＿钢，按用途分属于＿＿＿＿钢，按脱氧程度分属于＿＿＿＿。

5. 用截面积为 1000mm² 的 Q235 钢制造受拉零件，发生屈服时的最小载荷是＿＿＿＿ kN。

6. 45 钢表示平均碳的质量分数为＿＿＿＿的＿＿＿＿＿＿＿钢。

7. T8A 表示平均碳的质量分数为＿＿＿＿＿的＿＿＿＿＿＿＿＿钢，主要用于制造＿＿＿＿＿＿＿＿＿＿。

二、判断题

1. 碳钢中，硫、磷是有益元素，可提高钢的强度和塑性。 （ ）

2. 钢的质量主要根据钢中硫、磷的质量分数来划分的，硫、磷的质量分数越小，钢的质量越低。 （ ）

3. 螺栓、螺母等零件一般都是用 Q235 等碳素结构钢制造的。 （ ）

4. 碳素结构钢主要用来制造机械零件。 （ ）

5. 錾子、丝锥等手动工具都是用碳素工具钢制造的。 （ ）

6. 碳素工具钢一般都是优质或高级优质钢。 （ ）

三、选择题

1. 中碳钢碳的质量分数＿＿＿＿＿。
   A. $w_C \leqslant 0.25\%$　　　B. $0.25\% < w_C < 0.6\%$　　　C. $w_C \geqslant 0.6\%$　　　D. $w_C \leqslant 2\%$

2. 碳素工具钢中，碳的质量分数一般为＿＿＿＿＿。
   A. $w_C \geqslant 0.25\%$　　　B. $w_C \geqslant 0.4\%$　　　C. $w_C \geqslant 0.7\%$　　　D. $w_C \geqslant 1.0\%$

3. 制造一般齿轮类零件常用材料的牌号是＿＿＿＿＿。
   A. Q275　　　　　B. 45　　　　　C. T8A　　　　　D. T12

4. 制造一般弹簧常用材料的牌号是＿＿＿＿＿。
   A. Q235　　　　　B. 45　　　　　C. 65　　　　　D. T10A

5. 制造锉刀、锯条等工具常用材料的牌号是＿＿＿＿＿。
   A. Q275　　　　　B. 45　　　　　C. 65　　　　　D. T10A

第三节　钢的热处理

一、填空题

1. 退火是将钢加热到适当温度，保持一定时间，然后_____的热处理工艺。

2. 退火的主要目的是降低_____，利于切削加工；提高_____，利于压力变形加工；改善组织和消除内应力。

3. 退火的种类有_____、_____和_____等几种。

4. 正火是将钢奥氏体化后在_____中或其他介质中冷却，获得以珠光体组织为主的热处理工艺。

5. 正火的主要目的是细化_____，调整_____，改善材料的可加工性。

6. 淬火是将钢奥氏体化后，以适当方式冷却，获得_____组织的热处理工艺。

7. 常见的淬火冷却介质有_____、_____。

8. 淬火的目的是提高钢的_____。

9. 钢的淬硬性主要取决于钢中_____，钢的淬透性主要取决于钢的_____和_____。

10. 常见的回火种类有_____回火、_____回火和_____回火，常将淬火和高温回火的热处理工艺称为_____。

11. 表面具有较高的硬度和耐磨性，心部具有足够的塑性和韧性，可采用_____热处理。

12. 常见的化学热处理有_____、_____和_____等。

二、判断题

1. 退火与正火相比，冷却速度快，强度、硬度高。（　　）

2. 低碳钢一般采用退火，高碳钢采用正火来改善材料的可加工性。（　　）

3. 重要的锻件切削加工前一般都采用正火热处理。（　　）

4. 淬火的冷却速度要比正火、退火低。（　　）

5. 由于含碳量高，高碳钢淬火处理时，淬透性一定好。（　　）

6. 碳素钢的淬硬性要低于合金钢。（　　）

7. 碳素钢的淬透性要低于合金钢。（　　）

8. 凡淬火后的钢件都需要安排回火热处理工序。（　　）

9. 有些零件表面淬火后还需安排高温回火处理。（　　）

10. 化学热处理属于表面热处理。（　　）

11. 表面热处理就是改变钢材表面的化学成分，从而改变钢材表面性能的热处理工艺。

（　　）

12. 渗碳处理是将低碳钢放在渗碳介质中，加热并保温一定时间，提高钢件表面碳浓度的热处理方法。（　　）

13. 氮化处理后还需要安排淬火处理才能使零件获得很高的硬度。（　　）

三、选择题

1. 共析钢中碳的质量分数为_____。

　　A. ≥0.77%　　　B. 0.77%　　　C. ≤0.77%　　　D. 2%

2. 将钢奥氏体化后在空气中或其他介质中冷却，以获得珠光体组织的热处理工艺，称为_____。

　　A. 退火　　　　B. 正火　　　　C. 淬火　　　　D. 回火

3. 将钢加热到某一温度，保持一定时间，然后放在水或油中冷却的方式为_____。

　　A. 退火　　　　B. 正火　　　　C. 淬火　　　　D. 回火

4. 在淬火热处理工艺中，加热是为了获得_____。

　　A. 铁素体　　　B. 珠光体　　　C. 渗碳体　　　D. 奥氏体

5. 热处理后获得马氏体和（或）贝氏体组织的热处理工艺称为_____。

　　A. 退火　　　　B. 正火　　　　C. 淬火　　　　D. 回火

6. 锉刀、锯条淬火后应安排_____。

　　A. 低温回火　　B. 中温回火　　C. 高温回火　　D. 调质处理

7. 弹簧、热锻模淬火后应安排_____。

　　A. 低温回火　　B. 中温回火　　C. 高温回火　　D. 调质处理

8. 齿轮、丝杠等需获得综合力学性能的零件，淬火后应安排_____。

　　A. 低温回火　　B. 中温回火　　C. 高温回火　　D. 表面淬火

9. 现有某零件需用45钢制造，其性能要求"外硬内韧"，应使用_____。

　　A. 退火　　　　B. 正火　　　　C. 淬火　　　　D. 表面淬火

10. 改变钢化学成分的热处理是_____。

　　A. 正火　　　　B. 淬火　　　　C. 调质　　　　D. 渗碳

第四节　低合金钢和合金钢

一、填空题

1. Q500B 表示最小_____为 500MPa，交货状态为_____，质量为_____级的_____结构钢。

2. 合金钢是在碳素钢中_____地加入一些合金元素而形成的钢。

3. 牌号为 20CrMnTi 是碳的质量分数为_____，Cr、Mn、Ti 质量分数_____的合金_____钢。

4. 38CrMoAlA 中，"A"表示钢的质量等级为_____。

5. 40Cr 是_____钢中最常见的牌号。

6. 65Mn 是碳的质量分数为_____的合金_____钢。

7. GCr15 属于_____钢，其碳的质量分数为_____，Cr 的质量分数为_____。

8. W18Cr4V 是_____钢，其碳的质量分数为_____，Cr 的质量分数为_____。

9. Mn13 属于_____钢。

二、判断题

1. 低合金钢是指合金质量分数小于 3% 的钢。　　　　　　　　　　（　　）

2. 合金钢一般都是优质钢。　　　　　　　　　　　　　　　　　（　　）

3. 合金钢具有更高的淬硬性、淬透性和耐热性。　　　　　　　　（　　）

4. 合金渗碳钢主要用于制造表面硬度高、耐磨的零件，如锉刀、麻花钻等。（　　）

5. 合金弹簧钢一般需经淬火及中温回火处理才能达到其力学性能要求。（　　）

6. 合金结构钢都是低碳钢。　　　　　　　　　　　　　　　　　（　　）

7. 合金工具钢一般都是优质钢。　　　　　　　　　　　　　　　（　　）

8. GCr13 主要用来作为滑动轴承轴瓦的材料。　　　　　　　　　（　　）

9. 滚动轴承钢都是优质钢。　　　　　　　　　　　　　　　　　（　　）

10. 合金工具钢一般都是高碳钢。　　　　　　　　　　　　　　　（　　）

11. 低合金刃具钢 9SiCr，因其刃口锋利，又称为锋钢。　　　　　（　　）

12. 不锈钢属于特殊性能钢。　　　　　　　　　　　　　　　　　（　　）

三、选择题

1. Q390B 属于_____。

　　A. 碳素结构钢　　　B. 优质碳素结构钢　　　C. 低合金高强度结构钢　　　D. 合金钢

2. 鸟巢建筑局部受力大部位采用的材料绝大部分牌号是_____。

A. 40   B. T10A   C. 20CrMnTi   D. Q460

3. 用于制造变速箱齿轮的材料是_____。

  A. 40Cr   B. 65SiMn2   C. W6Mo5Cr4V2   D. HT150

4. 用于制造弹簧的材料是_____。

  A. 45Mn   B. 65SiMn2   C. W18Cr4V   D. HT200

5. 制造机床主轴的材料应选_____。

  A. 20CrMnTi   B. T10A   C. W18Cr4V   D. KT330

6. 用于制造滚动轴承内、外圈及滚动体的材料是_____。

  A. 45   B. 20CrMnTi   C. W18Cr4V   D. GCr9

7. 制造麻花钻、铣刀的材料应选_____。

  A. 40   B. 40Cr   C. W18Cr4V   D. QT350

8. 用于医疗器械的材料是_____。

  A. 35   B. 40Cr   C. 06Cr19Ni10   D. GCr9

9. 用于制造铁路道岔、拖拉机履带材料是_____。

  A. ZGMn13   B. 40Cr   C. 45   D. GCr9

10. 用于制造千分尺、游标卡尺等量具的材料是_____。

  A. 45   B. 60Si2Mn   C. 20CrMnTi   D. CrWMn

第五节　铸铁和铸钢

一、填空题

1. 铸铁是碳的质量分数_____的铁碳合金，具有良好的_____和可加工性等性能，价格低，应用广泛。

2. 白口铸铁中，碳以_____形式存在，无实用价值，常作为_____原料。

3. 牌号 HT200 表示_____为 200MPa 的_____铸铁。

4. KTZ450-06 中，450 表示_____，06 表示_____，Z 表示_____。

5. QT500-7 表示_____为 500MPa，_____为 7% 的_____铸铁。

6. 灰铸铁中，碳以_____石墨形式存在；可锻铸铁中，碳以_____石墨存在；球墨铸铁中，碳以_____石墨形式存在。

7. ZG200-400 表示_____不低于 200MPa，_____不低于 400MPa 的铸钢。

二、判断题

1. 铸铁只能采用铸造的方法形成零件，不能采用压力加工的方法成形。（　　）

2. 灰铸铁是目前应用最广泛的一种铸铁。（　　）

3. 白口铸铁硬度适中，适宜切削加工。（　　）

4. 可锻铸铁比灰铸铁的塑性好，在适当条件下可以锻造成形。（　　）

5. 灰铸铁牌号中，数字表示屈服强度数值。（　　）

6. 可锻铸铁牌号中，两组数字表示最低抗拉强度和断后收缩率。（　　）

7. 球墨铸铁可通过不同热处理方法，改善其力学性能。（　　）

8. 铸钢的力学性能一般都高于铸铁。（　　）

三、选择题

1. 机床床身、底座等一般采用的材料是_____。

   A. HT150　　　B. KTH300-06　　　C. QT400-15　　　D. 45

2. 管接头、低压阀门一般采用的材料是_____。

   A. HT200　　　B. KTH300-06　　　C. QT400-15　　　D. T9

3. 发动机曲轴一般采用的材料是_____。

   A. HT150　　　B. KTH350-10　　　C. QT700-2　　　D. T8A

4. 为提高灰铸铁的力学性能，可在铁液中加入少量的硅铁或硅钙合金，称为_____。

   A. 调质处理　　B. 退火处理　　　C. 孕育处理　　　D. 表面淬火处理

5. 以下牌号是铸钢的是_____。

   A. HT300　　　B. KTZ450-06　　　C. GCr12　　　D. ZG40Cr

第六节 非铁金属简介

一、填空题

1. 金属材料分为_____和_____两大类。

2. 变形铝牌号用四位数字或四位字符表示，第一位数字为_____，第二位字母或数字表示原始纯铝的_____情况。

3. ZAl99.5 表示_____的质量分数为 99.5% 的_____铝合金。

4. 铸造铝合金主要有_____系、_____系、_____系和_____系合金等。

5. T2 表示_____铜，常用于制作_____材料。

6. H70 表示铜的质量分数为_____的_____铜。

7. QSn4-3 表示主加元素为_____的_____铜。

8. ZCuSn10Zn2 表示主加元素为_____的_____合金。

二、判断题

1. 铝合金的塑性、耐蚀性均高于纯铝。（   ）

2. 铝合金的强度高于纯铝。（   ）

3. 以铜为主要添加元素的变形铝合金采用四位字符体系牌号的第一位数字是 2。（   ）

4. 变形铝合金通过压力加工方法成形，铸造铝合金通过铸造方法成形。（   ）

5. 青铜主要作为导电、导热材料。（   ）

6. 黄铜是主加元素为锡、镍的铜合金。（   ）

7. 轴承合金主要用来制造滚动轴承内、外圈及滚动体材料。（   ）

三、选择题

1. 以下材料牌号（代号）中，表示铸造铝合金的是_____。

   A. 45Mn   B. HPb59-1   C. ZL301   D. QAl9-4

2. 代号 ZL102 表示的是_____。

   A. 铝硅合金   B. 铝铜合金   C. 铝镁合金   D. 铝锌合金

3. 以下属于黄铜的是_____。

   A. ZL401   B. HSi80-3   C. 20   D. QSi3-1

4. 以下属于青铜的是_____。

   A. H70   B. ZSnSb4Cu4   C. QBe2   D. HT200

5. 常用来制造蜗轮的材料是_____。

   A. HAl77-2   B. QSi3-1   C. ZL201   D. ZSnSb4Cu4

6. 常用来制造滑动轴承轴瓦的材料是_____。

   A. ZSnSb8Cu4   B. HSi80-3   C. 45   D. ZL301

第三篇　机械传动

第五章　摩擦轮传动

一、填空题

1. 摩擦轮传动是利用两轮_____所产生的_____来传递运动和动力的。

2. 摩擦轮传递的功率主要取决于两轮接触处的_____和_____。

3. 若要使摩擦轮传动能够正常工作，必须使两轮之间产生的_____大于从动轮上的_____。

4. 摩擦轮传动中，从动轮接触处摩擦力方向与其旋转方向_____。

5. 摩擦轮传动中，两轮面接触处出现相对滑移的现象称为_____。

6. 为了避免摩擦轮传动中，由于"打滑"使_____轮的轮面遭受局部磨损，常将轮面材料较软的轮作为_____轮。

7. 按两轮轴线相对位置，摩擦轮传动可分为_____摩擦轮传动和_____摩擦轮传动两大类。

8. 安装圆锥形摩擦轮时，应使两轮的锥顶重合，以保证两轮锥面上各接触点的_____相等。

9. 摩擦轮传动比是指_____轮和_____轮之间的_____之比。

10. 摩擦轮传动适用于两轴距离_____，转速_____，功率_____，传动比_____准确的场合。

二、判断题

1. 摩擦力由压紧力产生，因此，摩擦轮传动压紧力越大越好。　　　　　　　　（　　）

2. 摩擦轮传动中，打滑现象是不可以避免的。　　　　　　　　　　　　　　（　　）

3. 摩擦轮传动易实现从动件的变速、变向和过载保护。　　　　　　　　　　（　　）

4. 摩擦轮传动能保证准确的传动比。　　　　　　　　　　　　　　　　　　（　　）

5. 摩擦轮传动效率较低，且多用于传递功率较小的场合。　　　　　　　　　（　　）

6. 两轴平行的摩擦轮传动，两轮旋转方向相同。　　　　　　　　　　　　　（　　）

7. 滚子平盘式摩擦轮传动常用于无级变速机构。　　　　　　　　　　　　　（　　）

8. 摩擦轮传动中，若无打滑现象，则两轮接触处线速度相等。　　　　　　　（　　）

9. 摩擦压力机使用的是两轴平行的摩擦轮传动。　　　　　　　　　　　　　（　　）

10. 摩擦轮传动可以实现机械无级变速。 （　　）

三、选择题

1. 当摩擦轮传动无相对滑动时，传动比与两轮转速和两轮直径的关系为_____。

    A. $i_{12} = \dfrac{n_1}{n_2} = \dfrac{D_1}{D_2}$ B. $i_{12} = \dfrac{n_2}{n_1} = \dfrac{D_1}{D_2}$

    C. $i_{12} = \dfrac{n_1}{n_2} = \dfrac{D_2}{D_1}$ D. $i_{12} = \dfrac{n_2}{n_1} = \dfrac{D_2}{D_1}$

2. 摩擦轮传动_____。

    A. 能保证准确的传动比   B. 能在运动中变速、变向

    C. 能传递两轴间距较大的运动   D. 能实现大功率传递且过载时会"打滑"

3. 用于平行轴且两轮旋转方向相同的是_____摩擦轮传动。

    A. 外接圆柱式   B. 内接圆柱式   C. 外接圆锥式   D. 滚子平盘式

4. 摩擦轮传动中，轮面常采用皮革、橡胶等软材料制成的是_____。

    A. 主动轮   B. 从动轮   C. 主动轮和从动轮   D. 主动轮或从动轮

5. 摩擦轮传动中，当过载打滑时，运动情况不正常的是_____。

    A. 主动轮   B. 从动轮   C. 主动轮和从动轮   D. 主动轮或从动轮

6. 当传递功率一定时，打滑与摩擦轮接触处线速度的关系是_____。

    A. 速度高或低都容易打滑   B. 速度越高越易打滑

    C. 速度越低越易打滑   D. 打滑与速度无关

四、计算题

1. 已知一对圆柱摩擦轮传动，要求两轮中心距 $a = 180\text{mm}$，传动比 $i_{12} = 2$，试计算：

（1）当两轮转向相反时，主、从动轮的直径 D_1 和 D_2。

（2）当两轮转向相同时，主、从动轮的直径 D_1 和 D_2。

（3）当主动轮转速 $n_1 = 400\text{r/min}$ 时，以上两种情况从动轮的转速。

2. 一对外接圆柱摩擦轮传动，已知 $D_1 = 200\text{mm}$，传动比 $i_{12} = 3$，主动轮转速 $n_1 = 600\text{r}/\min$，试计算：

（1）从动轮直径 D_2 和从动轮转速 n_2。

（2）接触处线速度 v。

五、综合分析题

1. 如图 5-1 所示的圆锥外摩擦轮传动，分析其结构，回答下列问题。

（1）轮 1 为 _____（填"主"或"从"）动轮，因为其材料为 _____；轮 2 为 _____（填"主"或"从"）动轮。

（2）轮 1 与轮 2 锥顶应 _____，以保证接触处线速度 _____。

（3）通过向 _____（填"上"或"下"）调节螺钉，可增大弹簧弹力，进一步增大两摩擦轮间的 _____。

（4）该摩擦轮传动用于传递 _____ 轴间运动和动力。

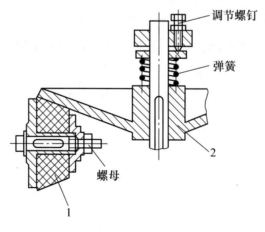

图 5-1

2. 如图 5-2 所示的摩擦压力机，已知主动摩擦轮转速 $n_1 = 800\text{r/min}$，旋转方向如图所示，分析其原理并回答下列问题。

（1）图示位置，从动摩擦轮的旋转方向为_____，若要改变从动摩擦轮的旋转方向，则应将主动摩擦轮向_____移动。

（2）从动摩擦轮可在 A、B 两位置上下移动，其中_____位置从动摩擦轮转速最大，且最大转速为_____ r/min；_____位置从动摩擦轮转速最小，且最小转速为_____ r/min。

（3）该摩擦轮传动是通过改变_____（填"主"或"从"）动摩擦轮的接触半径来实现从动摩擦轮转速的改变的。

（4）若螺杆在运动中突然"卡死"，机构将会产生_____现象。

（5）从动摩擦轮在 A 点时，其传动比 $i_{12} = $_____；从动摩擦轮在 B 点时，其传动比 $i_{12} = $_____。

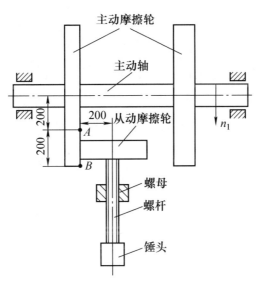

图 5-2

第六章 带 传 动

第一节 带传动概述

一、填空题

1. 带传动是由_____和_____组成传递运动和动力的机械传动装置。

2. 按带的截面形状分，有_____带、_____带、_____带和_____带等几种；按传动性质又分为_____带传动和_____带传动两大类。

3. 带传动是利用带作为中间挠性件，依靠带与带轮间的_____或_____来传递运动和动力的。

4. 过载时，带将沿着带轮产生全面滑动，这种现象称为_____；因带的弹性伸长及带两边拉力差引起的带与带轮的相对滑移现象称为_____；带传动的传动比不准确的主要原因是因为存在_____现象。

5. 带传动的传动比等于_____的转速之比。

6. 带传动工作前应将带_____在带轮上，使带与带轮间产生_____，从而产生摩擦力。

7. 带传动的主要失效形式有_____、_____和_____。

8. 带传动的设计原则是在_____前提下，保证带具有一定的_____和_____。

二、判断题

1. 所有的带传动都不能保证准确的传动比。 （   ）

2. 带传动中，进入主动带轮的一边为松边，从主动带轮出来的一边为紧边。 （   ）

3. 一般带传动中，常将紧边放置在下方，松边置于上方。 （   ）

4. 摩擦带传动，传动效率较低；啮合带传动，传动效率高。 （   ）

5. 带传动不适宜距离较远的传动场合。 （   ）

6. 当松边的拉力大于紧边的拉力，带传动将发生"打滑"现象。 （   ）

7. 带传动的传动比与两带轮直径成反比。 （   ）

8. 因带的弹性滑动量较小，一般可认为主、从动带轮的线速度相等。 （   ）

9. 带传动常用于低速级传动中。 （   ）

10. 摩擦带传动可以实现机械无级变速。 （ ）

三、选择题

1. 考虑弹性滑动对带传动的影响，主动带轮的线速度 v_1、从动带轮的线速度 v_2 和带速 v 三者之间的关系为_____。

    A. $v_1 = v_2 = v$ B. $v_1 > v_2 > v$ C. $v_1 > v > v_2$ D. $v_2 > v > v_1$

2. 能保证准确传动比的带传动是_____。

    A. 平带传动   B. V 带传动   C. 圆带传动   D. 同步带传动

3. 带传动中，不可以避免的现象是_____。

    A. 打滑   B. 弹性滑动   C. 打滑或弹性滑动   D. 打滑和弹性滑动

4. 带传动中，产生弹性滑动的原因是_____。

    A. 预紧力不够

    B. 松边和紧边拉力不等

    C. 带绕过带轮有离心力

    D. 带和带轮间摩擦力不够

5. 带传动中，$i \neq 1$ 打滑主要发生在_____上。

    A. 主动带轮   B. 从动带轮   C. 小带轮   D. 大带轮

6. 带传动主要失效形式是_____。

    A. 打滑   B. 带的磨损   C. 带的静载荷拉断   D. 打滑和疲劳破坏

7. 在功率一定的情况下，带传动的承载能力与带速之间的关系是_____。

    A. 随着带速的上升而上升

    B. 随着带速的上升而下降

    C. 随着带速的下降而下降

    D. 与带速无关

8. 机床传动中，高速级使用带传动的原因是_____。

    A. 能获得大的传动比

    B. 制造安装方便

    C. 传动平稳

    D. 传递功率大

9. 带传动中，下列说法错误的是_____。

    A. 吸振性好

    B. 传动平稳，无噪声

    C. 传动距离远

    D. 不具有过载保护功能

10. 缝纫机中常用_____，卧式车床常用_____，精密机车中常用_____。

    A. 平带   B. V 带   C. 圆带   D. 同步带

四、计算题

已知一带传动，主动带轮直径为 200mm，传递功率为 5kW，从动带轮转速 $n_2 = 400$r/min，$i_{12} = 2$，不考虑弹性滑动的影响，试计算：

（1）主动带轮转速 n_1。

（2）带速 v。

（3）所需有效圆周拉力 F。

第二节　平带传动

一、填空题

1. 平带截面形状为_____，工作面为_____。

2. 根据主、从动轴的位置分，平带传动有_____、_____、_____和角度传动。

3. 包角是指带与带轮_____。

4. 平带带长一般是指带的_____。

5. 受_____和_____的限制，平带传动比不能太大，一般取_____。

6. 平带的类型有_____平带、_____平带、_____平带、_____平带、_____平带和_____平带六种，其中_____平带应用最广。

7. 平带接头方式有_____、_____和_____。其中，_____接头，传动冲击力小，转速高；_____接头，传递功率大，但冲击力和振动也大，转速不宜太高。

8. 多级机械传动，传动总效率为各级传动机械效率的_____。

二、判断题

1. 平带传动只适宜两轴平行的场合。　　　　　　　　　　　　　　　（　　）

2. 角度传动属于空间运动的传动。　　　　　　　　　　　　　　　　（　　）

3. 开口带传动是由具有两个端点的带进行的带传动。　　　　　　　　（　　）

4. 传动比 i 小于 1，属于增速传动；传动比 i 大于 1，属于减速传动。　（　　）

5. 平带传动能保证准确的传动比。　　　　　　　　　　　　　　　　（　　）

6. 铰链带扣接头的平带传动常用于传递功率大，转速高的场合。　　　（　　）

7. 平带传动不仅可以实现两平行轴间运动和动力的传递，也可用于两相交轴或两交错轴间运动和动力的传递。　　　　　　　　　　　　　　　　　　　　（　　）

8. 传动比不等于 1 的带传动中心距变大，小带轮包角将减小。　　　　（　　）

9. 与其他带传动相比，平带传动更适用于传递距离远、转速高的场合。（　　）

10. 一般机械传动，输出功率总是大于输入功率。　　　　　　　　　（　　）

三、选择题

1. 能实现空间两交错轴间运动和动力传递的平带传动是_____。

　　A. 平行带传动　　　B. 交叉带传动　　　C. 半交叉带传动　　　D. 角度带传动

2. 能实现两轴平行、转向相反的平带传动是_____。

　　A. 平行带传动　　　B. 交叉带传动　　　C. 半交叉带传动　　　D. 角度带传动

3. 为保证传动能力，平带传动小带轮包角应_____。

    A. $\geqslant 90°$ B. $\geqslant 120°$ C. $\geqslant 150°$ D. $\geqslant 180°$

4. 当传动比 $i = 1$ 时，小带轮包角_____。

    A. $\alpha = 90°$ B. $\alpha = 120°$ C. $\alpha = 150°$ D. $\alpha = 180°$

5. 平带传动的传动比_____。

    A. $i \geqslant 5$ B. $i \geqslant 7$ C. $i \leqslant 5$ D. $i \leqslant 7$

6. 下列措施中，不能提高带传递功率的是_____。

    A. 增大中心距   B. 适当增加带的初拉力

    C. 增大小带轮直径   D. 增大带轮表面粗糙度

7. 在传动速度高时，常采用的平带接头形式是_____。

    A. 胶合   B. 缝合   C. 铰链带扣   D. 无接头

8. 平带传动_____。

    A. 工作噪声大   B. 传动比不准确

    C. 适合于两轴较近的传动   D. 无安全保护作用

四、计算题

已知一平带传动，主动带轮直径 $D_1 = 150\text{mm}$，转速 $n_1 = 1000\text{r/min}$；从动带轮转速 $n_2 = 400\text{r/min}$，中心距 $a = 1000\text{mm}$，不考虑弹性滑动的影响，试计算：

（1）从动轮直径 D_2。

（2）传动比 i_{12}。

（3）带长 L。

（4）验算主动轮包角。

（5）若包角刚好是极限数值，其他条件不变时的中心距。

五、综合分析题

图 6-1 所示为平带传动示意图，试回答下列问题。

（1）图示为_____平带传动，若为一减速带传动，小带轮转向如图中所示，则设计_____（填"合理"或"不合理"）。

（2）带传动一般情况下只需判断_____（填"大"或"小"）带轮包角即可，若小带轮直径为 200mm，大带轮直径为 500mm，中心距为 1000mm，则包角为_____，_____（填"符合"或"不符合"）传动要求。如果不符合传动要求，应通过_____方法解决。

（3）若 $n_1 = 1000\text{r/min}$，则带速为_____ m/s。

（4）该传动_____（填"能"或"不能"）保证准确的传动比，原因是存在_____现象。

（5）该传动_____是带的松边，此布局_____（填"合理"或"不合理"）。

（6）该传动与 V 带传动相比，传动效率_____，传递距离_____。

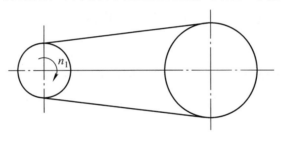

图 6-1

第三节　V 带 传 动

一、填空题

1. V 带是一种_____环形带，其截面形状为_____，工作面为_____，楔角 α = _____。

2. V 带结构有_____和_____两种，每种结构都是由_____层、_____层、_____层和_____层组成的。

3. 切边 V 带与包边 V 带相比，具有传动效率_____、传动功率_____、使用寿命_____、节能效果_____、可高速传动等优点。其中，_____ V 带是目前应用最广泛的结构。

4. 普通 V 带按其截面尺寸大小有_____七种，其中_____型截面尺寸最大，_____型截面尺寸最小；截面尺寸越大，传递功率也越_____。

5. 窄 V 带常见的型号有_____、_____、_____和_____四种。

6. V 带的相对高度是指_____和_____之比。

7. V 带轮的直径越小，带在带轮上_____越严重，_____应力也越大，带的寿命将会_____，故小带轮的直径应大于_____。

8. V 带轮常用材料有_____和_____等材料。

9. V 带的型号是根据_____和_____由选型图来选择的。

10. V 带传动为防止打滑，带速应在_____范围内。

11. 设计 V 带传动时，带速过高或过低，一般通过调整带轮的_____或_____来实现的。

12. V 带的基准长度是指在规定张紧力作用下，位于_____的长度。

13. A2200 GB/T 1171 表示_____为 2200mm 的_____型 V 带。

14. 相同条件下，V 带的传动能力是平带的_____。

15. 安装 V 带时，带的顶面与带轮的轮缘_____，两带轮对应 V 形槽的对称平面应_____。

16. 安装 V 带时，V 带的松紧程度以大拇指能够将带压下_____mm 左右为宜。

二、判断题

1. V 带与平带传动一样，都是利用带底面与带轮之间产生的摩擦力来传递动力的。

（　　）

2. 包边 V 带结构合理，应用广泛。　　　　　　　　　　　　　　　　　（　　）

3. 与普通 V 带相比，窄 V 带具有传动功率大、强度高、许用带速高、使用寿命长、节能等优点。 （　　）

4. E 型 V 带截面尺寸最大，传递功率也最大。 （　　）

5. 限制 V 带轮最小基准直径的目的是为了减小 V 带的弯曲应力，提高带的使用寿命。 （　　）

6. V 带绕过带轮发生弯曲时，V 带节面的宽度将保持不变。 （　　）

7. 设计 V 带时，应先确定大带轮的直径，再根据传动比计算出小带轮的直径。 （　　）

8. 考虑 V 带弯曲，V 带轮轮槽角应大于 V 带的楔角，一般取 40°左右。 （　　）

9. V 带传动，相配的大小带轮轮槽角必须相等。 （　　）

10. 普通 V 带的基准长度是标准值，可在相关国家标准中查出其值大小。 （　　）

11. V 带包角等于 180°时，包角修正系数等于 0。 （　　）

12. V 带传动带速过高，可增加大小带轮的直径重新计算。 （　　）

13. 单根 V 带的传递功率与小带轮的直径和转速无关。 （　　）

14. V 带传动不仅可以实现两平行轴间运动和动力的传递，也可用于两相交轴或两交错轴间运动和动力的传递。 （　　）

15. V 带传动两带轮的轴线应相互平行，误差不超过 20′。 （　　）

16. 多根 V 带传动，当一根带传动失效不能继续使用，应立即更换此带，以保证正常传动。 （　　）

17. V 带传动应加防护罩以防止意外事故发生。 （　　）

三、选择题

1. 一般动力机械中，主要采用_____。

　　A. 平带传动　　　　B. V 带传动　　　　C. 同步带传动　　　　D. 多楔带传动

2. V 带的传动性能主要取决于_____。

　　A. 包布层　　　　B. 压缩层　　　　C. 伸张层　　　　D. 强力层

3. V 带的传动形式是_____。

　　A. 平行式　　　　B. 交叉式　　　　C. 半交叉式　　　　D. 平行式或交叉式

4. 目前应用最广泛的 V 带结构形式是_____。

　　A. 包边 V 带　　B. 普通切边 V 带　C. 有齿切边 V 带　　D. 底胶夹布切边 V 带

5. 选择普通 V 带轮材料的依据是_____。

　　A. 传递功率　　B. 小带轮包角　　C. 初拉力　　　　D. 带速

6. V 带轮的轮槽角应_____。

　　A. 相等且等于 40°

　　B. 相等且小于 40°

　　C. 小于 40°，且大带轮轮槽角更小一些

D. 小于40°，且小带轮轮槽角更小一些

7. V带传动中，选取带轮最小基准直径 $d_{d\min}$ 的依据是_____。

    A. 带的速度   B. 传动比   C. 带的型号   D. 小带轮转速

8. 标准 V 带的型号选择依据是_____。

    A. 额定功率和小带轮转速   B. 计算功率和小带轮转速

    C. 小带轮直径   D. 带速

9. 为保证传动能力，V 带传动小带轮包角应_____。

    A. ≥90°   B. ≥120°   C. ≥150°   D. ≥180°

10. V 带传动的传动比_____。

    A. $i \geq 5$ B. $i \geq 7$ C. $i \leq 5$ D. $i \leq 7$

11. V 带的公称长度是指_____。

    A. 内圆周长度   B. 外圆周长度   C. 基准长度   D. 节线长度

12. 影响单根 V 带传递功率的因素有_____。

    A. 小带轮转速、型号、小带轮直径   B. 型号、小带轮包角、中心距

    C. 小带轮包角、小带轮直径、中心距   D. 带速、小带轮包角、小带轮直径

13. V 带传动设计中，不需要圆整的参数是_____。

    A. 带轮直径   B. 带的基准长度   C. 中心距   D. 带的根数

14. V 带传动比平带传动应用更广泛的原因是_____。

    A. 传递相同功率时，外廓尺寸较小   B. 带的使用寿命长

    C. 传动效率高   D. 带的价格低

15. 为便于识别和选用，压印在带外表面上的标记有 V 带的型号和_____。

    A. 根数   B. 内圆长度   C. 外周长度   D. 基准长度

16. 若某机床采用 4 根 V 带，工作较长时间后，有一根带产生疲劳撕裂而不能继续使用，则应_____。

    A. 全部更换   B. 更换 3 根   C. 更换 2 根   D. 更换已撕裂的那根

四、计算题

已知一 V 带传动，主动带轮直径 $d_{d1}=100\text{mm}$，从动带轮直径 $d_{d2}=400\text{mm}$，$n_1=1000\text{r/min}$，$a=800\text{mm}$，不考虑弹性滑动的影响，试计算：

（1）传动比 i_{12}。

（2）从动带轮转速 n_2。

（3）带长 L_d。

（4）验算主动轮包角。

（5）当主动带轮输入功率 $P=5\text{kW}$，传动装置总效率 $\eta=0.8$ 时，从动轴的输出功率 P_c。

五、综合题

如图 6-2 所示为 V 带传动示意图，主动带轮为小带轮，直径 $d_{d1}=200\text{mm}$，以 $n_1=1440\text{r/min}$ 等速转动，转向如图所示；中心距 $a=1000\text{mm}$，传动比 $i_{12}=3$。分析计算后，回答下列问题（不考虑弹性滑动）。

（1）图示为_____（填"增速"或"减速"）传动，_____（填"上"或"下"）边为紧边。

（2）带速 $v=$_____ m/s，带的长度 $L=$_____ mm。

（3）若包角刚好为极限度数，其他条件不变，求此时中心距为_____；V 带传动计算中，中心距_____（填"需要"或"不需要"）圆整。

（4）$i\neq 1$，V 带传动包角稍小，可通过_____和_____的方法增大。

（5）带传动设计中，限制带的工作速度必须在一定范围内是为了_____。

（6）安装两带轮时，要求两轴应_____，两轮的轮槽_____；V 带的张紧程度是以大拇指能按下_____左右为宜。

（7）V 带的型号是根据_____和_____来选择的，而小带轮的直径则根据_____来选择的，若小带轮的直径过小，则带的弯曲变形严重，弯曲应力_____，带的使用寿命_____。

（8）V 带轮的轮槽角应_____40°，且大带轮取_____值，小带轮取_____值。

（9）V 带使用中，产生伸张和压缩均是由于带的_____引起的。

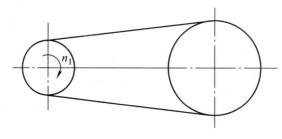

图 6-2

第四节　带传动的布置与张紧

一、填空题

1. 带传动的布置方式有_____、_____和_____三种。

2. 带传动的张紧方式有_____和_____两种。

3. V带传动使用张紧轮的目的是_____。

4. 平带传动张紧装置安放在_____，原因是小带轮的包角可以_____，提高其传动能力。

5. 平带传动使用张紧轮，包角将_____；V带传动使用张紧轮，包角将_____。

二、判断题

1. 带传动通常是将松边放在下边，紧边放在上边。　　　　　　（　　）

2. 自动张紧主要用于大功率传动机构。　　　　　　　　　　（　　）

3. 带传动张紧的目的是提高小带轮的包角，提高传动能力。　　（　　）

4. 平带传动，张紧轮常放置在松边内侧靠近小带轮处是为了增大包角。　（　　）

5. V带传动，张紧轮常放置在松边内侧靠近大带轮处是为了避免小带轮包角不至于减小过多。　　　　　　　　　　　　　　　　　　　　　（　　）

6. 多级带传动的传动比等于各级带传动的传动比的连乘积。　　（　　）

三、选择题

1. 带传动松边放置在上边的原因是为了_____。

　　A. 使包角增大　　　B. 安装方便　　　C. 初拉力变大　　　D. 减小弹性滑动

2. 带传动采用张紧轮的目的是_____。

　　A. 调节带的张紧力　　　　B. 减轻带的弹性滑动

　　C. 提高带的使用寿命　　　D. 改变带的运动方向

3. 平带传动，张紧轮应放置在_____。

　　A. 紧边外侧靠近小带轮处　　　B. 松边外侧靠近小带轮处

　　C. 松边内侧靠近小带轮处　　　D. 松边内侧靠近大带轮处

4. V带传动，张紧轮应放置在_____。

　　A. 紧边外侧靠近小带轮处　　　B. 松边外侧靠近小带轮处

　　C. 松边内侧靠近小带轮处　　　D. 松边内侧靠近大带轮处

四、计算题

图 6-3 所示为三级带传动，已知 $n_1 = 1000\text{r/min}$，主轴转速 $n_6 = 100\text{r/min}$，$D_3 = 400\text{mm}$，$D_4 = 200\text{mm}$，$i_{56} = 2.5$，试求：

（1）各级带传动分别是什么类型？

（2）该传动属于增速传动还是减速传动？

（3）指出主轴的回转方向。

（4）i_{16}、i_{12} 分别为多少？

（5）若 $D_1 = 250\text{mm}$，D_2 为多少？

并验算 v_1 是否合适。

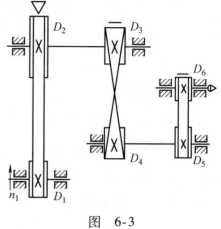

图 6-3

五、综合题

分析图 6-4 所示的带传动张紧装置，回答下列问题。

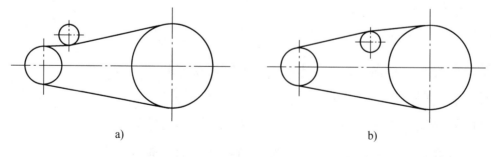

a)   b)

图 6-4

（1）带传动中的张紧轮是为了改变或控制_____而压在带上的随动轮；

图 6-4a所示为_____带传动，图 6-4b 所示为_____带传动。

（2）图 6-4a 所示张紧轮放置在外侧，可以使_____增加；图 6-4b 所示张紧轮放置在内侧，可以使_____不致减小过多，同时还可以避免带产生_____而影响其使用寿命。

（3）对于平带传动和 V 带传动，_____带传动适用于传递距离更远的场合；_____带传动能用于传递不平行两轴间运动和动力；相同条件下，_____带传动传递功率大。

（4）若多级带传动的总传动比为 10，_____（填"能"或"不能"）用一级带传动代替。

（5）平带的接头方式有胶合、缝合和_____三种，其中用于传递大功率的是_____。V 带的结构有包边 V 带和_____两种，其中应用广泛的是_____V 带。

（6）若小带轮为主动轮，则图 6-4a 中小带轮的回转方向为_____，图 6-4b 中小带轮的回转方向为_____。

（7）图_____的带型号可能是 B2500 GB/T 1171，其中 B 表示_____，2500 表示_____为 2500mm。

第七章　螺旋传动

第一节　螺纹的种类与应用

一、填空题

1. 在圆柱内表面上形成的螺纹称为＿＿＿＿＿＿＿＿，在圆锥外表面上形成的螺纹称为＿＿＿＿＿＿＿＿。

2. 在车床上车圆柱螺纹时，工件做＿＿＿＿＿运动，车刀做＿＿＿＿运动。

3. 从轴端看，＿＿＿＿＿＿旋入的称为右旋螺纹，＿＿＿＿＿＿旋入的称为左旋螺纹。

4. 按螺纹的线数分，螺纹有＿＿＿＿＿和＿＿＿＿＿之分。

5. 按螺纹的牙型分，螺纹有＿＿＿＿＿、＿＿＿＿＿、＿＿＿＿＿＿和＿＿＿＿＿四种。

6. 联接螺纹大多是＿＿＿＿＿线＿＿＿＿＿形螺纹。

7. 同一直径的普通螺纹按＿＿＿＿＿＿分，有粗牙普通螺纹和细牙普通螺纹之分；一般联接用＿＿＿＿＿＿＿＿；细牙普通螺纹自锁性＿＿＿＿，对零件强度削弱＿＿＿＿，但容易＿＿＿＿＿。

8. 普通螺纹的牙型角为＿＿＿＿＿，管螺纹的牙型角为＿＿＿＿＿，梯形螺纹的牙型角为＿＿＿＿，锯齿形螺纹的牙型角为＿＿＿＿＿。

9. 管螺纹主要用于＿＿＿＿＿＿＿＿＿＿＿＿的联接。

10. 梯形螺纹加工工艺性＿＿＿＿＿，牙根强度＿＿＿＿＿，对中性＿＿＿＿，效率＿＿＿＿＿。

11. 与梯形螺纹相比，矩形螺纹牙根强度＿＿＿＿＿＿，对中性＿＿＿＿＿＿，效率＿＿＿＿＿，广泛用于＿＿＿＿＿机构。

二、判断题

1. 多线螺纹的螺旋线沿轴向不是等距分布的。　　　　　　　　　　　（　　）

2. 单线螺纹用于传动场合，多线螺纹用于联接场合。　　　　　　　　（　　）

3. 普通螺纹和管螺纹的牙型都是三角形。　　　　　　　　　　　　　（　　）

4. 粗牙普通螺纹自锁性好，常用于承受冲击、振动和交变载荷的联接。（　　）

5. 锯齿形螺纹承载侧牙型角为30°。   （   ）

6. 矩形螺纹的牙根强度高，对中性好，传动效率高。   （   ）

三、选择题

1. 图 7-1 中，_____是单线螺纹，_____是三线螺纹，_____是左旋螺纹。

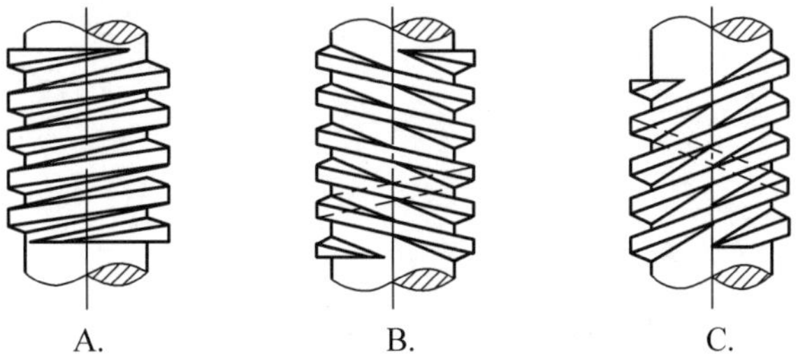

A.   B.   C.

图   7-1

2. 顺时针方向旋入且用于联接的螺纹是_____。

　　A. 普通左旋螺纹　　B. 普通右旋螺纹　　C. 梯形左旋螺纹　　D. 梯形右旋螺纹

3. 按用途分，螺纹可分为_____螺纹。

　　A. 左旋、右旋　　　B. 内、外　　　　　C. 梯形、三角形　　D. 联接、传动

4. 一般机械静联接的螺纹应采用_____。

　　A. 梯形螺纹　　　　B. 锯齿形螺纹　　　C. 矩形螺纹　　　　D. 三角形螺纹

5. 常用于高温、高压及密封性要求高的管路联接的螺纹是_____。

　　A. 梯形螺纹　　　　B. 普通螺纹　　　　C. 圆锥管螺纹　　　D. 圆柱管螺纹

6. 加工工艺性好、牙根强度和对中性都好的是_____。

　　A. 梯形螺纹　　　　B. 锯齿形螺纹　　　C. 矩形螺纹　　　　D. 三角形螺纹

7. 广泛用于单向受力传动机构中的螺纹是_____。

　　A. 梯形螺纹　　　　B. 锯齿形螺纹　　　C. 矩形螺纹　　　　D. 三角形螺纹

四、综合分析题

分析图 7-2 所示的螺纹牙型，回答下列问题。

（1）图 7-2a 所示牙型为_____形，牙型角为_____；图 7-2b 所示牙型为_____形，牙型角为_____；图 7-2c 所示牙型为_____形，牙型角为_____；图 7-2d 所示牙型为_____形，牙型角为_____。

（2）图_____用于联接，图_____常用于传力机构，图_____常用于单向传动机构。

（3）图_____的牙根强度最高，图_____的传动效率最高，图_____的自锁性最好。

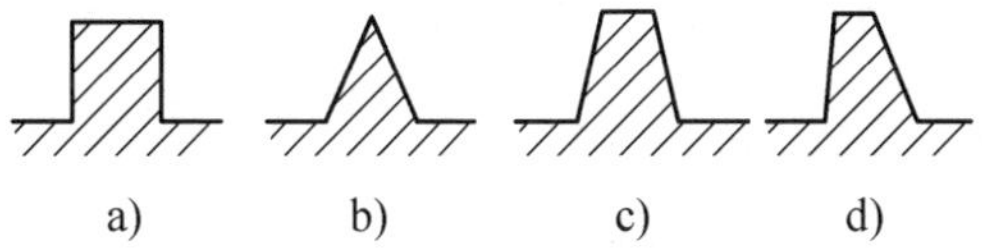

（4）广泛用于传动机构的是图_____。

（5）管螺纹采用的牙型是图_____。

a)   b)   c)   d)

图   7-2

第二节 螺纹的主要参数及标记

一、填空题

1. 螺纹的主要参数有_____径、_____径、_____径、_____及线数、导程和牙型角等。

2. 普通螺纹的公称直径一般是指螺纹的_____。

3. 螺纹的中径是一个_____圆柱的直径，该圆柱的素线通过牙型上沟槽和凸起宽度_____。

4. 螺距是指_____两牙在中径线上对应两点之间的_____距离，导程是指_____两牙在中径线上对应两点之间的_____距离。

5. 螺纹牙型上，牙侧与垂直于螺纹轴线的平面间的夹角称为_____。

6. 螺纹传动效率的大小与螺纹的_____及摩擦角有关。

7. _____、_____和_____等参数均符合国家标准的螺纹称为标准螺纹。

8. 普通螺纹标记由_____代号、_____代号和_____代号三部分组成。

9. 普通螺纹公差带代号是由_____代号和_____代号组成的。

10. M20-LH 表示公称直径为_____的_____牙_____旋普通螺纹。

11. M30×2-5g6g 表示公称直径为_____，螺距为_____，中径公差带代号为_____，顶径公差带代号为_____的_____旋_____牙普通螺纹。

12. Tr40×14P7-7H-LH 标注中，14 表示_____，P7 表示_____，7H 表示_____，LH 表示_____。

13. 螺纹密封的管螺纹特征代号中 Rp 表示_____，Rc 表示_____，R_1 表示_____。

14. G1A 表示尺寸代号为_____的_____旋55°非密封管螺纹。

15. 螺纹的旋合长度有短旋合长度、中等旋合长度和长旋合长度三种，代号分别为_____、_____和_____，其中，_____旋合长度可以不标注。

二、判断题

1. 普通螺纹的公称直径是指螺纹的顶径。 （   ）

2. 螺纹的牙侧角就是螺纹的牙型半角。 （   ）

3. 普通螺纹 M20 与 M20×1.5 相比，前者中径尺寸较小，后者中径尺寸较大。 （   ）

4. 螺纹升角越小，其自锁性越好。 （   ）

5. 一般情况下，螺纹的导程等于其螺距。 （　　）

6. 相互旋合的内、外螺纹，其旋向相反。 （　　）

7. 螺纹副标注时，常将外螺纹公差带代号放在斜线左边，内螺纹公差带代号放在斜线右边。 （　　）

8. 55°非密封管螺纹中外螺纹的精度等级有 A、B 两级。 （　　）

9. 梯形螺纹公差带代号由中径公差带代号和顶径公差带代号两部分组成。 （　　）

10. 中等旋合长度螺纹常不标记其代号 L。 （　　）

11. 与 Rc 相配合的是圆锥外螺纹 R_2。 （　　）

12. 与 Rp 相配合的是圆锥外螺纹 R_1。 （　　）

三、选择题

1. 螺纹大径是指与_____相重合的假想圆柱的直径。

　　A. 外螺纹牙底　　B. 外螺纹牙顶　　　C. 内螺纹牙顶　　　D. 以上都不是

2. 螺纹的公称直径是指_____。

　　A. 螺纹的小径　　　　　　　　B. 螺纹的中径

　　C. 外螺纹顶径或内螺纹底径　　　D. 外螺纹底径或内螺纹顶径

3. 公称直径相同的粗牙普通螺纹和细牙普通螺纹相比，其小径尺寸_____。

　　A. 细牙螺纹的小　　B. 粗牙螺纹的小　　C. 一样大　　D. 无法判断大小

4. 螺纹升角最大的地方是螺纹_____。

　　A. 小径　　　　　　　B. 中径　　　　　　C. 大径　　　　　D. 顶径

5. 注写在螺纹标记最前面的字母统一称为_____。

　　A. 螺纹类型代号　　B. 螺纹特征代号　　C. 螺纹代号　　D. 螺纹基本代号

6. 以下是细牙普通螺纹的是_____。

　　A. M30-6h　　　　B. Tr30×6-6H　　　C. G1A　　　D. M30×2-LH

7. 以下特征代号是 55°密封管螺纹中圆锥内螺纹的是_____。

　　A. Rc　　　　　　　B. Rp　　　　　　C. R_1　　　D. R_2

8. 以下常用于传动螺纹的代号是_____。

　　A. M20　　　　　B. Rc2　　　　　C. G3　　　D. Tr40×12

9. M12-5g6g 螺纹标记中，5g 是_____公差带代号。

　　A. 顶径　　　　　　B. 大径　　　　　　C. 中径　　　D. 底径

10. M30×2-6H 表示的是_____。

　　A. 普通粗牙内螺纹　　　　　　B. 普通细牙内螺纹

　　C. 普通粗牙外螺纹　　　　　　D. 普通细牙外螺纹

四、解释下列螺纹标记的含义

1. M20-7H-S

2. M20 × 1.5-LH

3. Rc/R₂1½

4. G½A-LH

5. Tr40 × 18P9-6g-L

第三节　螺纹联接及其预紧与防松

一、填空题

1. 螺纹联接主要有_____、_____、_____和紧定螺钉联接四大类。

2. _____螺栓联接，螺栓与被联接件之间采用过渡配合，孔需精制，主要用于承受_____载荷或需精确固定被联接件相互位置的场合。

3. 紧定螺钉联接主要用于固定两联接件间相互位置，也可以传递_____的力和转矩。

4. 螺纹联接预紧的目的是为了提高联接的_____、_____和_____，确保联接安全可靠。

5. 在静载荷作用下或温度变化不大的情况下，螺纹联接不会松脱的性能称为螺纹的_____。

6. 在振动、冲击或交变载荷作用下的螺纹联接应采用_____装置。

7. 螺纹联接防松的原理是防止螺纹副间发生_____，防松措施主要有_____、_____和永久防松几种。

二、判断题

1. 螺栓、螺钉、双头螺柱及垫圈等螺纹联接件大多是标准件。　　　（　　）

2. 螺钉联接需将两被联接件全部制成通孔才行。　　　　　　　　　（　　）

3. 双头螺柱联接常用于薄壁件的联接。　　　　　　　　　　　　　（　　）

4. 起重机吊钩上的螺纹联接，是松联接的典型实例。　　　　　　　（　　）

5. 当螺纹升角大于螺纹副摩擦角时，螺纹副具有自锁性。　　　　　（　　）

6. 双螺母防松属于机械防松。　　　　　　　　　　　　　　　　　（　　）

7. 止动垫圈防松属于摩擦力防松。　　　　　　　　　　　　　　　（　　）

8. 串联钢丝防松属于机械防松。　　　　　　　　　　　　　　　　（　　）

三、选择题

1. 对被联接件之一较厚，又需多次装拆的场合，宜采用_____。

　　A. 螺栓联接　　　　B. 螺钉联接　　　　C. 双头螺柱联接　　　　D. 紧定螺钉联接

2. 常用作固定两零件间相对位置并作为辅助性联接的是_____。

　　A. 螺栓联接　　　　B. 螺钉联接　　　　C. 双头螺柱联接　　　　D. 紧定螺钉联接

3. 螺纹联接是一种_____。

　　A. 可拆联接　　　　　　　　B. 不可拆联接

71

C. 具有防松装置的为不可拆联接，否则为可拆联接

D. 具有自锁性能的为不可拆联接，否则为可拆联接

4. 下列属于摩擦力防松的是_____。

   A. 圆螺母与止动垫片　　　B. 六角开槽螺母与开口销　　　C. 定位焊　　　D. 弹性垫圈

5. 自锁性更好的螺纹是_____。

   A. 小螺距梯形螺纹　　　　B. 大螺距梯形螺纹

   C. 粗牙普通螺纹　　　　　D. 细牙普通螺纹

6. 各类机床与地基的螺纹联接应采用_____。

   A. 松联接　　　B. 紧联接　　　C. 螺钉联接　　　D. 铰制孔螺栓联接

四、综合分析题

图7-3所示为螺纹联接防松装置，分析并回答下列问题。

（1）图 7-3a 采用的防松装置称为_____，图 7-3b 采用的防松装置称为_____，图7-3c 采用的防松装置称为_____，图 7-3d 采用的防松装置称为_____。

（2）螺纹防松方法主要有_____防松和_____防松两大类。其中，图7-3a 和图7-3c属于_____防松，图 7-3b 和图 7-3d 属于_____防松。

（3）图 7-3a 所示垫圈的切口方向_____（填"是"或"否"）正确，其材料常采用_____钢，螺母、螺栓材料常采用_____钢。

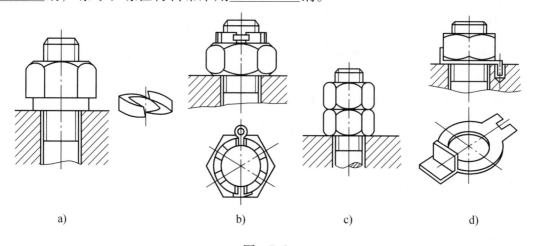

a)　　　　　　　　b)　　　　　　　　c)　　　　　　　　d)

图　7-3

第四节 普通螺旋传动

一、填空题

1. 螺旋传动是利用_____来传递运动和动力的一种机械传动，主要把主动件的_____运动转变成从动件的_____运动。

2. 常用螺旋传动有_____、_____和_____三种。

3. 普通螺旋传动，螺杆与螺母表面间的摩擦属于_____摩擦。

4. 普通螺旋传动的特点有：结构_____、传动精度_____、传动效率_____、承载能力_____。

5. 卧式车床刀架系统采用的螺旋传动是螺杆_____、螺母_____的传动形式。

6. 台虎钳采用的螺旋传动是螺杆_____、螺母_____的传动形式。

7. 普通螺旋传动中，螺杆转1圈，螺杆（或螺母）移动一个_____。

8. Tr40×18P6-6g螺纹，主动件转3圈，则螺杆或螺母直线移动的距离为_____mm。

9. 螺纹千分尺中的螺旋传动机构螺距为0.5mm，若微分套筒转1圈，螺杆移动距离为_____mm；若微分套筒圆周均分为50格，则每转1格，螺杆移动_____mm。

二、判断题

1. 螺旋传动机构属于平面传动机构。 （ ）

2. 普通螺旋传动，螺杆与螺母间产生的是滑动摩擦；滚动螺旋传动，螺杆与螺母间产生的是滚动摩擦。 （ ）

3. 车床丝杠、台虎钳、螺纹千分尺等机构采用的螺纹都是三角形螺纹。 （ ）

4. 普通螺旋传动承载能力大，传动效率高。 （ ）

5. 滚动螺旋传动，传动灵敏，摩擦阻力小，传动效率高，但结构复杂，成本高。 （ ）

6. 普通螺旋传动，从动件直线移动方向仅与螺纹的旋向有关而与螺杆或螺母的旋转方向无关。 （ ）

三、选择题

1. 与螺纹千分尺采用相同的螺旋传动形式是_____。

   A. 螺旋千斤顶　　　　B. 车床溜板箱移动机构

   C. 螺旋压力机　　　　D. 应力试验机观察镜

2. 以下属于螺杆固定不动，螺母回转并移动的是_____。

   A. 台虎钳传动机构　　　B. 车床溜板箱移动机构

C. 应力试验机观察镜 D. 插床刀架传动机构

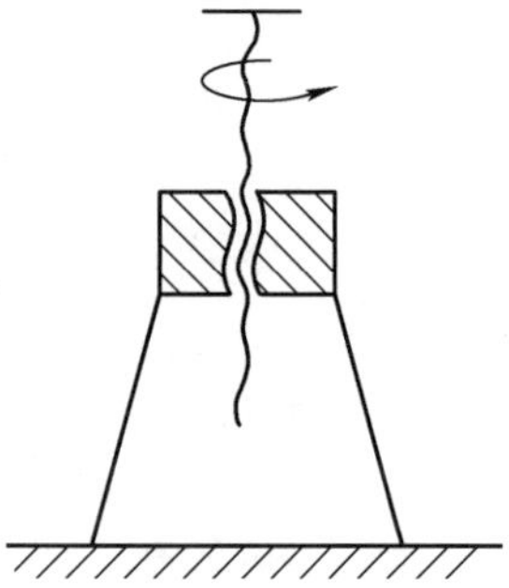

3. 普通螺旋传动，螺杆或螺母直线移动的距离公式是_____。

A. $L = NP$　　B. $L = NP_h$　　C. $P_h = NP$　　D. $P = NL$

4. 图 7-4 所示的螺旋传动属于_____的螺旋传动形式。

A. 螺杆转动、螺母做直线移动

B. 螺母转动、螺杆做直线移动

C. 螺杆固定不动、螺母回转并做直线移动

D. 螺母固定不动、螺杆回转并做直线移动

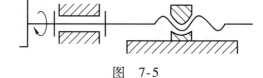

图 7-4

5. 图 7-5 所示为双线左旋螺纹，导程为 12mm，若手柄转 180°，则螺母_____。

A. 向右移动 6mm　　B. 向左移动 6mm

C. 向左移动 12mm　　D. 向右移动 12mm

6. 滚动螺旋传动_____。

A. 结构简单，制造技术要求低

B. 摩擦损失大，传动效率低

C. 间隙大，传动不够平稳

D. 目前主要应用于精密传动

图 7-5

四、计算题

1. 如图 7-6 所示，螺杆 1 可在机架 4 的轴承内转动。a 段为双线左旋螺纹，螺距为 5mm；b 段为单线右旋螺纹，螺距为 10mm。若螺杆以图示方向转 2 圈，试求：

（1）判断螺母 2 和螺母 3 的移动方向。

（2）螺母 2 和螺母 3 相对机架分别移动的距离。

（3）螺母 2 和螺母 3 相对移动的距离。

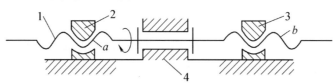

图 7-6

2. 如图 7-7 所示传动机构中，轮 1 为原动件，其直径为 $D_1 = 200\text{mm}$，转速 $n_1 = 1000\text{r}/\min$（计算时，假定轮 1 与轮 2 接触处中点的线速度相等），其他参数见图中标示。试求：

（1）工作台移动的方向。

（2）工作台最大移动速度。

（3）工作台最小移动速度。

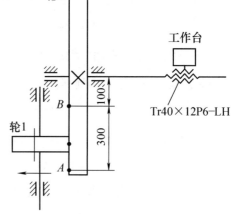

图 7-7

3. 卧式车床刀架螺旋传动系统，中滑板丝杠螺纹为 $\text{Tr}20 \times 6$，试求：

（1）欲使刀架（螺母）移动 0.08mm，丝杠需转过多少转？

（2）若丝杠每转过 1 格，刀架（螺母）向前移动 0.02mm，则丝杠圆周刻度盘需刻多少条刻度线？若将 $\phi31\text{mm}$ 外圆一刀车至 $\phi30\text{mm}$，丝杠应转过多少格？

（3）若丝杠转速为 50r/min，则刀架（螺母）移动速度 v 为多少？

五、综合分析题

如图 7-8 所示的螺旋压力机，$D_1 = 40\text{mm}$，$D_2 = 80\text{mm}$，轮 2 直径为 40mm。若电动机转速为 1200r/min，转向如图，轮 2 只能在 A、B 两点间移动，试回答下列问题。

（1）该传动机构由带传动、＿＿＿＿＿＿＿传动和＿＿＿＿＿＿传动组成。

（2）图示状态下，锤头向＿＿＿＿运动，其中在＿＿＿＿点锤头运动速度最大且最大运动速度为＿＿＿＿＿＿ m/s；＿＿＿＿点锤头运动速度最小且最小运动速度为＿＿＿＿＿ m/s。

（3）其中螺杆为＿＿＿＿形螺纹，该螺纹螺距为＿＿＿＿＿＿，具有牙根强度＿＿＿＿，对中性＿＿＿＿，传动效率＿＿＿＿等特点。

（4）若带传动采用 V 带，则其传动比＿＿＿＿＿＿（填"符合"或"不符合"）要求。

（5）轮 1、2 间为防止不均匀磨损，常将＿＿＿＿＿＿制成软轮面，通过＿＿＿＿＿＿＿＿可改变锤头运动方向。

（6）该螺旋传动属于螺杆＿＿＿＿＿＿＿＿，螺母＿＿＿＿＿＿＿的普通螺旋传动形式。

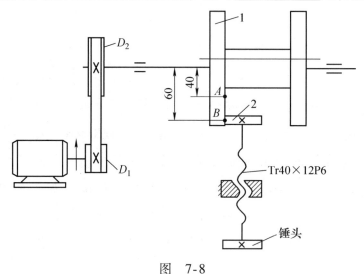

图 7-8

第五节　差动螺旋传动

一、填空题

1. 由_____螺旋副组成的使_____产生差动的螺旋传动称为差动螺旋传动。

2. 对于差动螺旋传动，判断活动螺母实际移动方向之前，需要先判断_____的移动方向，再根据活动螺母实际移动距离计算结果来判断，当计算结果为"＋"，则活动螺母实际移动方向与_____移动方向一致；当计算结果为"－"，则活动螺母实际移动方向与_____移动相反；若计算结果为0，则活动螺母_____。

3. 差动螺旋传动用于微调机构时，两段螺纹旋向_____；用于快速移动机构时，两段螺纹旋向_____。

4. 差动螺旋传动可以产生_____，常用于微调装置中。

二、判断题

1. 差动螺旋传动中，固定螺母处的螺旋副属于螺杆固定、螺母回转并做直线移动的普通螺旋传动形式。　　　　　　　　　　　　　　　　　　　　　　　　　　（　　）

2. 差动螺旋传动中，活动螺母处的螺旋副属于螺杆固定、螺母回转并做直线移动的普通螺旋传动形式。　　　　　　　　　　　　　　　　　　　　　　　　　　（　　）

3. 若固定螺母处导程等于活动螺母处导程，转动螺杆则活动螺母相对于机架静止不动。　　　　　　　　　　　　　　　　　　　　　　　　　　　　　　　　　　（　　）

4. 微调镗刀使用差动螺旋传动，两段螺纹旋向相同。　　　　　　　　　　　（　　）

5. 差动螺旋传动中，当两段螺纹旋向相反时，活动螺母实际移动方向一定与螺杆移动方向一致。　　　　　　　　　　　　　　　　　　　　　　　　　　　　　　（　　）

三、选择题

1. 差动增速机构，A、B两段螺纹旋向_____。

    A. 相同　　　　　　B. 相反　　　　　　C. 相同或相反　　　D. 无法确定

2. 微调差动螺旋传动，活动螺母实际移动距离的计算公式为_____。

    A. $L = P_{hA} - P_{hB}$　　B. $L = P_{hA} + P_{hB}$　　C. $L = P_{hA} P_{hB}$　　D. $L = P_{hA} / P_{hB}$

3. 如图7-9所示的差动螺旋传动，两螺旋副均为右旋，机架3固定螺母导程$P_{h1} = 3\text{mm}$，活动螺母2导程$P_{h2} = 4\text{mm}$，若按图示方向将螺杆1回转2圈，则活动螺母2的位移方向和位移量为_____。

    A. 向左移动14mm　　　　　　　　　B. 向右移动14mm

    C. 向左移动2mm　　　　　　　　　　D. 向右移动2mm

4. 图 7-10 所示为某差动螺旋传动的微调镗刀结构简图，螺杆 1 在 a、b 两处均为右旋螺纹，刀套 2 固定，镗刀 3 在刀套 2 中不能回转只能移动。若螺杆 1 上 a 处螺纹的导程为 2mm，b 处螺纹的导程为 1.6mm，则螺杆 1 按图示方向旋转 180°时，镗刀 3 移动的距离和方向分别为_____。

A. 0.2 mm、向右 B. 0.2 mm、向左

C. 0.4 mm、向右 D. 0.4 mm、向左

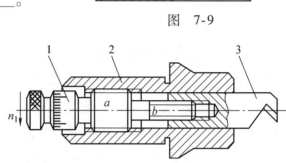

图 7-9

四、计算题

1. 如图 7-11 所示，某机床工作台移动机构中，螺杆 1 为右旋螺纹，导程 $P_{hB} = 3mm$，螺杆 1 的右端与机架 3 固定联接在一起，螺母 4 带动工作台相对机架做直线运动，旋钮 2 分别与螺杆 1 和螺母 4 以内、外螺纹联接，当旋钮 2 沿箭头方向转 2 圈时，要求工作台向左移动 3mm。

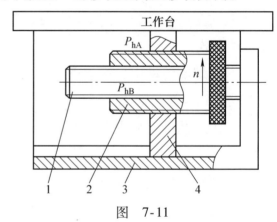

图 7-10

（1）确定螺母 4 的螺旋方向及导程 P_{hA}。

（2）分别求出旋钮 2 相对于螺杆 1、螺母 4 相对于旋钮 2 的移动距离及移动方向。

图 7-11

2. 如图 7-12 所示的差动螺旋传动机构，两处螺旋副均采用等径、单线梯形螺纹，若螺杆转 2 圈，滑板实际向左移动 4mm，滑板处的螺纹的标记为 Tr20×12。试求：

（1）1 处螺纹的导程和旋向。

（2）写出 1 处的螺纹标记。

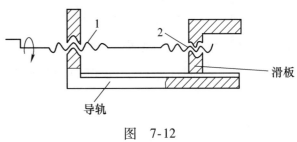

图 7-12

3. 如图 7-13 所示的差动微调螺旋传动机构，若旋钮按图示方向转 2 圈，试求：

（1）旋钮相对机架的移动距离和移动方向。

（2）方头螺杆的移动距离和移动方向。

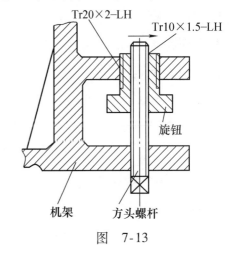

图 7-13

4. 如图 7-14 所示的螺旋传动，A 处螺纹导程为 3mm、右旋，B 处螺纹为双线，要求调整螺杆按图示方向转动 2 圈，被调螺母向左移动 1mm。

（1）确定被调螺母的螺旋方向。

（2）求被调螺母的螺距。

（3）求调整螺杆相对于机架的位移。

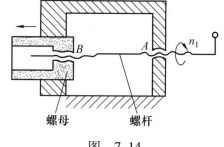

螺母　　　　　螺杆

图　7-14

五、综合分析题

图 7-15 所示为一差动螺旋千斤顶。上螺杆与承受载荷的托盘 2 相连，托盘 2 不能旋转只能移动；下螺杆与底座 1 相连，中间用套筒 3 分别与上、下螺杆组成 A、B 两段螺旋副。已知下螺杆螺距为 6mm、双线右旋，要求套筒按图示方向回转一周时，托盘向上移动 2mm。分析计算后回答下列问题。

（1）该螺旋传动机构，主动件是件_____，从动件是件_____，机架是件_____。

（2）图中机构可以将主动件的_____运动转化为从动件的_____运动，属于_____（填"高"或"低"）副机构。

（3）图中采用的是_____（填"三角形"或"梯形"）螺纹。

（4）上螺杆的螺旋方向为_____，导程为_____ mm。

（5）套筒 3 相对于底座 1 移动的距离为_____ mm，方向_____ 。

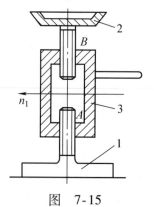

图　7-15

第八章 链 传 动

一、填空题

1. 链传动是通过_____和_____的啮合来传递运动和动力的。

2. 根据用途不同，链传动有_____、_____和_____三种。

3. 套筒滚子链是由_____、_____、_____、_____和_____五部分组成的。

4. _____是组成链条的基本结构单元。

5. 套筒滚子链的节数一般为_____，主要是为了避免使用_____的接头形式。

6. 链传动有单排链和多排链之分，当承载或传递功率较大时应采用_____。

7. 齿形链又称为_____，因传动平稳、噪声小、成本高，主要用于_____传动。

8. 链传动与带传动相比能保证_____传动比，传动效率_____，作用在轴及轴承上的_____较小。

9. 由于链节的多边形效应，链传动平稳性_____，工作中存在_____和噪声。

10. 链传动张紧的目的是避免因磨损使链条长度增加，造成松边垂度过大，从而引起链条与链轮_____及链条振动，同时增大链条与链轮的_____。

二、判断题

1. 链传动的传动比与两链轮齿数成反比。　　　　　　　　　　　( )

2. 链条与链轮轮齿间是面接触的低副。　　　　　　　　　　　( )

3. 链条节数常采用奇数，链轮齿数则采用偶数。　　　　　　　( )

4. 链条节距越大，传动能力也越大。　　　　　　　　　　　　( )

5. 链传动与带传动一样具有过载保护功能。　　　　　　　　　( )

6. 链传动中，由于链节的多边形效应，瞬时链速和瞬时传动比不准确。( )

7. 链传动一般用于高速级传动。　　　　　　　　　　　　　　( )

8. 链传动属于啮合传动，传动效率高。　　　　　　　　　　　( )

9. 链传动适用于两交叉轴间运动和动力的传递。　　　　　　　( )

10. 链传动能在高温、多尘、油污等恶劣环境下工作。　　　　( )

11. 链条磨损后，节距会变大，容易造成脱链现象。　　　　　( )

12. 链传动松边常放置在上方，以增大包角。　　　　　　　　( )

三、选择题

1. 一般机械中用来传递运动和动力的链传动是_____。

A. 传动链   B. 输送链   C. 曳引起重链   D. 驱动链

2. 套筒滚子链中，两元件之间属于过盈配合的是_____。

     A. 销轴与内链板   B. 销轴与外链板   C. 套筒与外链板   D. 销轴与套筒

3. 套筒滚子链中，组成间隙配合的是_____。

     A. 销轴与内链板   B. 销轴与外链板   C. 套筒与内链板   D. 销轴与套筒

4. 链传动类型中，用于输送工件、物品和材料的是_____。

     A. 传动链   B. 输送链   C. 曳引起重链   D. 驱动链

5. 自行车、摩托车中使用的链传动是_____。

     A. 输送链   B. 曳引起重链   C. 齿形链   D. 套筒滚子链

6. 两轴相距较远，工作环境恶劣的情况下传递较大功率，宜选用_____。

     A. 带传动   B. 摩擦轮传动   C. 链传动   D. 螺旋传动

7. 链条节数为奇数时，采用的接头形式是_____。

     A. 开口销   B. 弹性锁片   C. 过渡链节   D. 开口销或弹性锁片

8. 链的标记 20A-2×60GB/T 1243—2006 中，60 表示_____。

     A. 链号   B. 排数   C. 链条节距   D. 链节数

四、计算题

如图 8-1 所示，传动装置是由带传动、链传动及输送带组合而成。若电动机转速 $n_1 = 1200\text{r/min}$，$D_1 = 180\text{mm}$，$D_2 = 360\text{mm}$，小链轮齿数 $z_1 = 20$，大链轮齿数 $z_2 = 60$，试求：

（1）轴 I 到轴 III 间的传动比 i_{13}。

（2）III 轴的转速 n_3。

（3）若轴 III 上轮毂的直径 $D = 400\text{mm}$，则输送带的线速度 v 为多少？

（4）按图示配置的带传动和链传动是否合理？为什么？

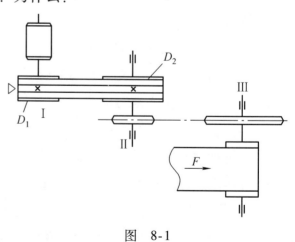

图 8-1

五、综合分析题

分析图8-2所示套筒滚子链的结构，并回答下列问题。

（1）构件的名称分别为：1是_____，2是_____，3是_____，4是_____，5是_____。

（2）构件间组成间隙配合的是件_____与件_____、件_____与件_____之间。

（3）构件间组成过盈配合的是件_____与件_____、件_____与件_____之间。

（4）构件5与链轮轮齿之间将产生_____摩擦。图中，P称为链条的_____。

（5）P越大，传动能力_____，但传动时多边形效应也_____，冲击、噪声_____。

（6）若该链条节数为偶数，则在链条接头处应采用_____或_____锁住。

（7）若链条节数为奇数，则在链条接头处需采用_____。

（8）为保证链条与链轮磨损均匀，链轮的齿数一般选取为与链条节数_____的奇数。

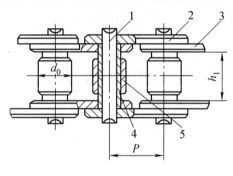

图 8-2

第九章　齿轮传动

第一节　齿轮传动的分类与应用特点

一、填空题

1. 齿轮副是_____接触的_____副。

2. 齿轮传动是由_____组成的传递运动和动力的装置。

3. 齿轮传动的传动比是指_____与_____之比。

4. 从运动和动力两个方面考虑，齿轮传动应满足_____和_____两个基本要求。

5. 按两轴线的相对位置分类，齿轮传动有_____、_____和_____三类。

6. 按轮齿的齿廓曲线分，齿轮有_____、_____和_____等几种，其中最常用的齿廓曲线是_____齿形。

7. 按齿线形状分，齿轮传动有_____、_____和_____。

8. 按啮合方式分，齿轮传动有_____、_____和_____。

9. 按工作条件分，齿轮传动有_____和_____两种。

二、判断题

1. 齿轮传动机构由三个构件组成，三个构件形成一个转动副和一个齿轮副。　　　（　　）

2. 齿轮传动的传动比与两齿轮齿数成正比。　　　　　　　　　　　　　　　　（　　）

3. 齿轮传动中，当主动轮齿数大于从动轮齿数，从动轮转速将大于主动轮转速。（　　）

4. 直齿圆柱齿轮用于传递空间交错轴间的运动和动力。　　　　　　　　　　　（　　）

5. 蜗杆蜗轮属于直线齿轮。　　　　　　　　　　　　　　　　　　　　　　　（　　）

6. 直齿锥齿轮用于传递两相交轴间的运动和动力。　　　　　　　　　　　　　（　　）

7. 机床变速箱中的齿轮传动属于开式齿轮传动。　　　　　　　　　　　　　　（　　）

8. 齿轮传动不能保证瞬时传动比恒定。　　　　　　　　　　　　　　　　　　（　　）

9. 齿轮传动的安装制造要求高，传动时对冲击、振动较敏感。　　　　　　　　（　　）

10. 齿轮传动不宜用于两轴距离较远的场合。　　　　　　　　　　　　　　　　（　　）

三、选择题

1. 传动平稳性最高的是_____。

   A. 带传动　　　　　B. 链传动　　　　　C. 摩擦轮传动　　　D. 齿轮传动

2. 下列属于平面相交轴传动的是_____。

   A. 直齿圆柱齿轮传动　B. 斜齿圆柱齿轮传动　C. 直齿锥齿轮传动　D. 蜗杆传动

3. 齿轮齿条传动，两齿轮轴线的关系是_____。

   A. 平行　　　　　　B. 相交　　　　　　C. 空间交错　　　　D. 不确定

4. 齿轮传动中，应用最广泛的齿廓曲线是_____。

   A. 渐开线　　　　　B. 阿基米德螺旋线　C. 摆线　　　　　　D. 圆弧曲线

5. 下列能实现空间交错轴间运动和动力传递的是_____传动。

   A. 直齿圆柱齿轮　　B. 斜齿圆柱齿轮　　C. 直齿锥齿轮　　　D. 蜗杆

6. 能保证瞬时传动比恒定的是_____。

   A. 带传动　　　　　B. 齿轮传动　　　　C. 摩擦轮传动　　　D. 链传动

7. 闭式齿轮传动是指_____。

   A. 封闭在箱体内，并能保证良好的润滑　B. 封闭在箱体内，不能保证良好的润滑

   C. 传动外露，能保证良好的润滑　　　　D. 传动外露，不能保证良好的润滑

8. 齿轮传动的特点有_____。

   A. 能保证平均传动比　　　　　　B. 传递功率和速度范围大

   C. 安装和制造要求不高　　　　　D. 传动平稳，效率低

9. 当主动轮齿数大于从动轮齿数时，该传动属于_____。

   A. 减速传动　　　　B. 增速传动　　　　C. 平速传动　　　　D. 低副传动

四、计算题

1. 一对齿轮传动，已知主动轮转速 $n_1 = 1500\text{r}/\min$，$z_1 = 18$，$z_2 = 54$，试计算：

（1）传动比 i_{12}。

（2）从动轮的转速 n_2。

2. 一对齿轮传动，已知从动轮转速 $n_2 = 600 \mathrm{r/min}$，$i_{12} = 4$，$z_2 = 80$，试计算：

（1）主动轮齿数 z_1。

（2）主动轮转速 n_1。

第二节　渐开线的形成及特性

一、填空题

1. 渐开线上各点的压力角_____，对于同一基圆，离基圆越远，压力角_____，基圆上的压力角_____。

2. 渐开线齿轮的齿形是由两条_____渐开线作齿廓而组成的。

3. 基圆相同，渐开线形状_____；基圆越小，渐开线越_____；基圆越大，渐开线越_____；当基圆半径趋于无穷大时，渐开线变成_____。

4. 渐开线上某点离基圆越远，该点曲率半径_____，渐开线越趋于_____；反之曲率半径_____，渐开线越趋于_____。

二、判断题

1. 渐开线上任一点的法线是渐开线的发生线及该点到基圆的切线。　　　　　（　　）

2. 渐开线上各点的曲率半径都是相等的。　　　　　　　　　　　　　　　（　　）

3. 渐开线上某点的法线不一定与基圆相切。　　　　　　　　　　　　　　（　　）

4. 基圆相同，渐开线形状相同；基圆越大，渐开线越弯曲。　　　　　　　（　　）

5. 基圆内渐开线的压力角为负值。　　　　　　　　　　　　　　　　　　（　　）

6. 齿轮压力角越大，有害分力越大，传动越费力。　　　　　　　　　　　（　　）

7. 可以取任意段渐开线作为齿轮齿廓曲线。　　　　　　　　　　　　　　（　　）

8. 外齿轮的齿廓渐开线是在基圆外产生的，内齿轮的齿廓渐开线是在基圆内产生的。

（　　）

三、选择题

1. 渐开线的性质有_____。

　　A. 基圆越大，基圆内的渐开线越平直　　　B. 渐开线上各点的齿形角都相等

　　C. 基圆相同，渐开线的形状也相同　　　　D. 渐开线上各点的曲率半径都相等

2. 渐开线上任一点的法线与基圆必定_____。

　　A. 相交　　　　B. 相离　　　　C. 相割　　　　D. 相切

3. 形成渐开线齿廓的圆称为_____。

　　A. 分度圆　　　B. 节圆　　　　C. 基圆　　　　D. 齿顶圆

4. 渐开线齿廓上任一点受到力的方向应沿该点_____。

　　A. 法线方向　　B. 切线方向　　C. 直径方向　　D. 不能确定

四、计算题

已知基圆半径 $r_b = 30\text{mm}$，渐开线上某点 K 到基圆圆心的向径 $r_K = 50\text{mm}$，试求该点的曲率半径 ρ_K 和压力角 α_K。

五、综合分析题

图 9-1 所示为渐开线形成示意图，分析并回答：

（1）指出各部位的名称：①_____，②_____，③_____。

（2）K 点及 K_1 点的曲率半径分别为_____、_____（填 "KN" "K_1N_1" "OK" 或 "OK_1"）。

（3）比较 K 点及 K_1 点的曲率半径：_____。

（4）若 $r_b = 45\text{mm}$，$OK = 50\text{mm}$，则 $\rho_K =$ _____，$\alpha_K =$ _____。

（5）作出 K_1 点的压力角。

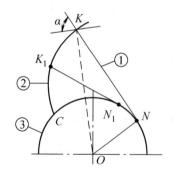

图 9-1

第三节　直齿圆柱齿轮传动

一、填空题

1. 标准齿轮分度圆上齿厚与齿槽宽_____。

2. 模数是_____，其单位为_____。模数越大，齿轮轮齿几何尺寸越_____，承载能力越_____。

3. 直齿圆柱齿轮的基本参数有_____、_____、_____、_____和_____五个，它们是计算齿轮几何尺寸的_____。

4. 齿轮压力角一般是指_____圆上的压力角，对于标准齿轮，其值为_____。

5. 分度圆上压力角的大小直接影响轮齿的几何形状，在分度圆半径不变的条件下，分度圆压力角大于 20°，基圆半径_____，齿顶变_____，齿根变_____，承载能力_____；反之，分度圆上的压力角小于 20°，基圆半径_____，齿顶变_____，齿根变_____，承载能力_____。

6. 正常齿制标准直齿圆柱齿轮，齿顶高系数 $h_a^* =$_____，顶隙系数 $c^* =$_____。

7. 有四个标准直齿圆柱外齿轮，A：$m_1 = 2.5\text{mm}$，$z_1 = 40$；B：$m_2 = 3\text{mm}$，$z_2 = 30$；C：$m_3 = 5\text{mm}$，$z_3 = 20$；D：$m_4 = 8\text{mm}$，$z_4 = 25$，问：

（1）齿廓最平直的齿轮是_____，齿廓最弯曲的齿轮是_____，齿廓曲线相同的齿轮是_____。

（2）齿厚最大的齿轮是_____，齿厚最小的齿轮是_____。

（3）几何尺寸最大的齿轮是_____，几何尺寸最小的齿轮是_____。

（4）齿高最高的齿轮是_____，齿高最矮的齿轮是_____。

（5）齿顶圆上压力角最大的是_____。

8. 为保证内齿轮齿廓全部为渐开线，其齿顶圆直径 d_a、齿根圆直径 d_f 及基圆直径 d_b 由大到小的排列顺序为_____。

9. 一正常齿制标准直齿圆柱外齿轮，已知齿数 $z = 40$，模数 $m = 2.5\text{mm}$，则轮齿齿廓分度圆处曲率半径为_____ mm，压力角为_____；轮齿齿廓齿顶圆处曲率半径为_____ mm，压力角为_____。

10. 外啮合圆柱齿轮传动，两齿轮旋转方向_____；内啮合圆柱齿轮传动，两齿轮的旋转方向_____。

11. 为保证标准直齿圆柱内齿轮齿廓全部为渐开线，其齿数最少为_____个。

12. 外啮合圆柱齿轮，中心距等于两齿轮分度圆半径_____；内啮合圆柱齿轮，中心距等于大小两齿轮分度圆半径_____。

二、判断题

1. 齿距是指相邻两齿同侧齿廓间的距离。　　　　　　　　　　　　（　　）

2. 外齿轮齿根圆上，齿厚小于槽宽。　　　　　　　　　　　　　　（　　）

3. 模数越大，齿轮轮廓尺寸越大。　　　　　　　　　　　　　　　（　　）

4. 一般情况下，齿轮基圆和分度圆的直径是无法直接测量的。　　　（　　）

5. 标准齿轮就是指具有标准模数和压力角，且分度圆上齿厚等于槽宽的齿轮。　（　　）

6. 模数是一个无单位的无理数。　　　　　　　　　　　　　　　　（　　）

7. 模数越大，轮齿尺寸越大，承载能力越大。　　　　　　　　　　（　　）

8. $z=18$ 与 $z=30$ 的齿轮相比，$z=30$ 的几何尺寸更大。　　　（　　）

9. 短齿制直齿圆柱齿轮，齿顶高系数 $h_a^*=0.8$，顶隙系数 $c^*=0.3$。　（　　）

10. 外齿轮齿顶圆上的压力角一定大于分度圆上的压力角。　　　　（　　）

11. 由于基圆内无渐开线，因而渐开线齿轮的齿根圆总是大于基圆。　（　　）

12. 内齿轮的齿廓就是在基圆内产生的渐开线。　　　　　　　　　（　　）

13. 内啮合齿轮传动，一般将小齿轮制成外齿轮，大齿轮制成内齿轮。　（　　）

14. 内齿轮的齿廓是内凹的，外齿轮的齿廓是外凸的。　　　　　　（　　）

15. 内齿轮的齿顶圆直径总是大于齿根圆直径。　　　　　　　　　（　　）

三、选择题

1. 人为设定的一个假想参考圆，作为设计、制造齿轮的基准的圆是_____。

　　A. 齿顶圆　　　　B. 齿根圆　　　　C. 基圆　　　　D. 分度圆

2. 两齿轮渐开线齿廓相同，则两齿轮直径也相同的圆是_____。

　　A. 基圆　　　　B. 齿根圆　　　　C. 齿顶圆　　　　D. 任意圆

3. 齿轮的模数_____。

　　A. 是齿距除以圆周率 π 所得的商，是一个无单位的量

　　B. 一定时，齿轮的齿距 p 变小，承载能力也变小

　　C. 一定时，齿轮的几何尺寸与齿数无关

　　D. 是一个有理数，其值已经标准化

4. 标准直齿圆柱外齿轮，压力角大于20°的部位是_____。

　　A. 分度圆以内　　B. 分度圆上　　C. 分度圆至齿顶圆间　　D. 基圆以外

5. 与标准齿轮相比，若使齿轮齿顶变尖、齿根变厚、承载能力变大，则分度圆上的压力角_____。

　　A. $\alpha=20°$　　　B. $\alpha>20°$　　　C. $\alpha<20°$　　　D. $\alpha=0°$

6. 顶隙是相啮合的两齿轮_____之间在连心线上的距离。

　　A. 齿顶圆与基圆　　B. 齿根圆与基圆　　C. 齿顶圆与齿根圆　　　D. 齿根圆与分度圆

7. 一对外啮合标准直齿圆柱齿轮，中心距 $a = 160$mm，齿轮的齿距 $p = 12.56$mm，则两齿轮的齿数和为_____。

    A. 160   B. 120   C. 100   D. 80

8. 若外齿轮渐开线齿廓的形状全部为渐开线，则下列关系正确的是_____。

    A. $d_a < d$ B. $d_a < d_b$ C. $d_f < d_b$ D. $d_b < d_f$

9. 模数和齿数相同的直齿圆柱齿轮，正常齿制齿根圆直径_____短齿制齿根圆直径。

    A. 大于   B. 等于   C. 小于   D. 不能确定

10. 下列关于内齿轮和外齿轮区别的论述不正确的是_____。

    A. 外齿轮的齿廓是内凹的，内齿轮的齿廓是外凸的

    B. 内齿轮的齿厚相当于外齿轮的槽宽

    C. 外齿轮的齿根圆在它的分度圆以内，内齿轮的齿根圆在它的分度圆之外

    D. 内齿轮传动的中心距 $a = m(z_2 - z_1)/2$，外齿轮传动的中心距 $a = m(z_1 + z_2)/2$

四、计算题

1. 一标准直齿圆柱外齿轮，正常齿制，试求：

（1）当齿廓曲线全部为渐开线时，齿轮的最少齿数。

（2）比较齿数分别为 32 和 50 时基圆和齿根圆的关系。

    2. 有一残缺的正常齿制标准直齿圆柱齿轮，齿数 $z = 32$，现测得齿顶圆直径 $d_a = 169.5$mm，试计算其分度圆直径 d、齿根圆直径 d_f、基圆直径 d_b、齿距 p 及齿高 h。

3. 一对正常齿制的外啮合标准直齿圆柱齿轮传动，大齿轮损坏，要求配制新齿轮。现测得大齿轮齿顶圆直径 $d_{a2} = 97.46\text{mm}$，和它相配的小齿轮齿数 $z_1 = 17$，两齿轮的中心距 $a = 67.50\text{mm}$，试求大齿轮的主要尺寸。

4. 一对正常齿制标准直齿圆柱齿轮传动，两齿轮转向相同。已知传动比 $i = 3$，模数 $m = 5\text{mm}$，两齿轮中心距 $a = 110\text{mm}$，试求：

（1）齿轮的齿数 z_1、z_2。

（2）两齿轮的分度圆直径 d_1、d_2。

（3）两齿轮齿顶圆直径 d_{a1}、d_{a2}。

（4）两齿轮齿根圆直径 d_{f1}、d_{f2}。

五、综合分析题

图 9-2a 所示为牛头刨床结构示意图，其中轮 1、2 为标准直齿圆柱渐开线齿轮，且 $z_1 = 40$、$z_2 = 60$，工作台横向进给丝杠 3 的螺纹标记为 Tr36×5。图 9-2b 所示为该刨床横向进给传动简图，其中轮 1 顺时针方向转动，与丝杠 3 连接在一起的棘轮 4 的齿数为 40。试分析并回答下列问题。

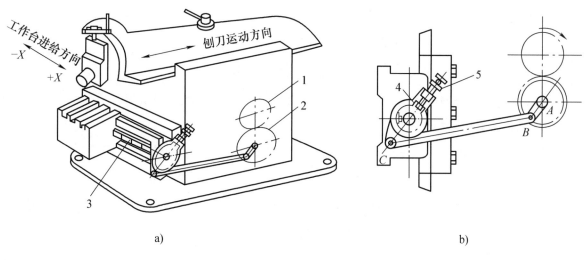

a)   b)

图　9-2

（1）该工作台的横向进给机构由_____机构、_____机构、_____机构和螺旋传动机构组成。

（2）轮 1 的压力角等于_____，齿顶圆处的压力角_____（填"大于""等于"或"小于"）齿根圆处的压力角。

（3）图示状态下，丝杠 3 转　周，工作台将沿_____（填"+X"或"-X"）方向移动_____mm。

（4）图示工作台可采用在轮 4 上加_____的方法来改变横向进给量，可通过提起构件 5、回转_____（填"90°""145°"或"180°"）并落下的方法改变进给方向。

（5）若图中轮 1 和轮 2 的标准中心距等于 150mm，则轮 2 的模数等于_____mm，齿顶圆的直径等于_____mm，齿根圆的直径等于_____mm。

（6）图中构件 4 的最小转角是_____，工作台最小进给的进给量是_____，_____（填"能"或"不能"）调整到 0.4mm/r。

第四节　渐开线齿轮的啮合

一、填空题

1. 一对齿轮啮合时，啮合点的运动轨迹称为_____。

2. 一对齿轮啮合时，理论啮合线就是这对齿轮基圆的_____。

3. _____和_____之间所夹的锐角称为啮合角。

4. 渐开线齿轮的啮合特性有_____、_____、_____。

5. 在标准中心距条件下，一对啮合的标准直齿圆柱齿轮，其分度圆和节圆_____，压力角和啮合角_____。

6. 一对标准直齿圆柱齿轮能正确啮合的条件是_____或两齿轮的模数和压力角_____。

7. 轮齿啮合时，起始啮合点是从动轮的_____与理论啮合线的交点，终止啮合点是主动轮的_____与理论啮合线的交点。

8. 一对齿轮能连续传动的条件是_____。

二、判断题

1. 单个齿轮有一个分度圆和一个节圆。　　　　　　　　　　　　　　　　（　　）

2. 齿轮传动比与两齿轮基圆半径成正比，而与两轮安装中心距无关。　　（　　）

3. 齿轮传动瞬时传动比恒定的主要原因是因为传动比等于两齿轮齿数的反比。　（　　）

4. 当两齿轮安装中心距小于标准中心距时，传动比不变，但会使齿轮副侧隙变大，反向传动时会产生冲击。　　　　　　　　　　　　　　　　　　　　　　　（　　）

5. 两齿轮安装中心距小于标准中心距时，两齿轮分度圆是相割的关系。　（　　）

6. 一对齿轮啮合时，越远离节点，两轮齿相对滑动速度越大。　　　　　（　　）

7. 当两直齿圆柱齿轮模数相等时，两齿轮就能正确啮合。　　　　　　　（　　）

8. 要想齿轮能连续传动，须保证前一对轮齿没脱离啮合，后一对轮齿已进入啮合状态才行。　　　　　　　　　　　　　　　　　　　　　　　　　　　　　　　（　　）

9. 实际啮合线越短，齿轮传动越平稳。　　　　　　　　　　　　　　　（　　）

10. 齿轮传动，重合度越大，传动越平稳。　　　　　　　　　　　　　　（　　）

三、选择题

1. 下列说法错误的是_____。

A. 单个齿轮没有节圆，只有一对齿轮啮合时才存在节圆

B. 实际啮合线肯定在理论啮合线上

C. 根据齿轮安装情况的不同，啮合角有可能大于、等于或小于压力角

D. 齿轮传动比等于两齿轮分度圆半径的反比而与两齿轮基圆半径无关

2. 齿轮副中，当安装中心距大于标准中心距时，分度圆的半径将_____。

A. 变大　　　B. 变小　　　C. 不变　　　　　D. 无法确定

3. 一对齿轮啮合时，当安装中心距大于标准中心距，保持不变的是_____。

A. 齿侧间隙　　B. 啮合角　　C. 传动比　　　　D. 节圆半径

4. 一对齿轮啮合时，当安装中心距小于标准中心距，两节圆将_____。

A. 相割　　　B. 相切　　　C. 相交　　　　　D. 相离

5. 齿轮副中，当安装中心距大于标准中心距时，啮合角 α' _____。

A. $= 20°$　　B. $< 20°$　　C. $> 20°$　　　　　D. $= 0°$

6. 一对齿轮啮合时，相对滑动速度为零的点是_____。

A. 节点　　　B. 起始啮合点　　C. 终止啮合点　　　D. 啮合线上任意点

7. 一对渐开线齿轮的啮合条件是_____。

A. 模数相等　　B. 压力角相等　　C. 模数或压力角相等　　D. 基圆齿距相等

8. 下列齿轮能正确啮合的是_____。

（1）$m_1 = 5\text{mm}$，$z_1 = 20$，$\alpha = 20°$　　　（2）$m_2 = 2.5\text{mm}$，$z_2 = 40$，$\alpha = 20°$

（3）$m_3 = 5\text{mm}$，$z_3 = 40$，$\alpha = 20°$　　　（4）$m_4 = 2.5\text{mm}$，$z_4 = 20$，$\alpha = 15°$

A. （1）与（2）　　　B. （1）与（3）　　　C. （2）与（3）　　　D. （2）与（4）

四、综合分析题

1. 图 9-3 所示为一对标准直齿圆柱齿轮啮合状态，若两齿轮模数 $m = 5\text{mm}$，齿数 $z_1 = 40$，$z_2 = 60$。主动轮 z_1 逆时针方向回转，分析并回答下列问题。

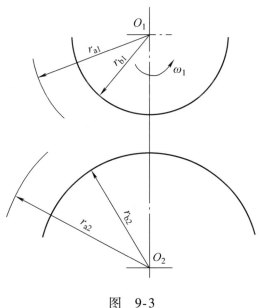

图　9-3

（1）在图中作出节点 p、节圆、理论啮合线 N_1N_2、实际啮合线 B_1B_2 和啮合角 α'。

（2）两齿轮的 p_{b1} _____ p_{b2}，才能正确啮合；实际啮合线 B_1B_2 _____ p_b 才能连续传动。

（3）若两齿轮中心距 $a = 250mm$，则两齿轮节圆半径 $r_1' =$ _____，$r_2' =$ _____；啮合角 $\alpha' =$ _____。

（4）若两齿轮中心距 $a = 252mm$，则两齿轮节圆半径 $r_1' =$ _____，$r_2' =$ _____；啮合角 $\alpha' =$ _____（用反三角函数表示）。此时理论啮合线变_____，实际啮合线变_____，重合度 ε 变_____。

2. 已知一对渐开线标准直齿圆柱外齿轮，正常齿制，模数均等于 4mm，齿数分别为 25 和 45，$\cos20° \approx 0.94$。解答下列问题。

（1）小齿轮分度圆直径等于_____ mm，基圆齿距等于_____ mm。

（2）小齿轮基圆比齿根圆____（填"大"或"小"）。

（3）在分度圆上，大齿轮齿廓的曲率半径_____（填"大于"或"小于"）小齿轮齿廓的曲率半径。

（4）该对齿轮的正确啮合条件是模数和分度圆上_____分别相等。

（5）根据渐开线的形成及其性质可知，该对齿轮的啮合点总是沿着齿轮机构的_____线移动。

（6）由于渐开线齿廓啮合时具有_____性，若按 141mm 的中心距来安装该对齿轮，仍能保持瞬时传动比恒定不变，但齿侧出现_____，反转时会产生冲击。

（7）实际中心距等于 141mm 时，该齿轮机构的两节圆_____（填"相割""相离"或"相切"），两节圆半径较正常安装时的节圆半径_____。

第五节　其他常用齿轮传动

一、填空题

1. 斜齿圆柱齿轮标准模数是指＿＿＿＿＿＿＿＿，计算几何尺寸时，采用的是＿＿＿面模数。标准压力角是指＿＿＿＿压力角，且等于＿＿＿＿°。

2. 斜齿圆柱齿轮的螺旋角 β 越大，传动越＿＿＿＿，但轴向力也越＿＿＿＿。

3. 斜齿圆柱外啮合齿轮正确啮合条件是＿＿＿＿＿＿＿相等、＿＿＿＿＿＿＿相等、＿＿＿＿＿＿＿＿＿相等且旋向＿＿＿＿＿＿。

4. 直齿锥齿轮用于传递＿＿＿＿＿＿轴间的运动和动力，一般轴交角为＿＿＿＿。

5. 直齿锥齿轮的传动比与两齿轮齿数成＿＿＿＿。

6. 直齿锥齿轮的标准模数是指＿＿＿＿＿＿＿＿。

7. 直齿锥齿轮正确啮合的条件是＿＿＿＿＿＿＿＿＿＿＿、＿＿＿＿＿＿＿＿＿。

8. 齿条齿廓是＿＿＿＿＿线，也可以认为是当基圆＿＿＿＿＿＿时形成的特殊渐开线。

9. 齿轮齿条传动时，齿轮分度圆与齿条的＿＿＿＿＿＿＿相切。

10. 齿条上各点的速度大小和方向＿＿＿＿＿＿＿，各点压力角＿＿＿＿＿＿且等于＿＿＿＿°。

二、判断题

1. 斜齿轮传动比直齿轮传动更平稳，承载能力更大。　　　　　　　　（　　）

2. 斜齿轮传动适用于高速及大功率场合。　　　　　　　　　　　　　（　　）

3. 斜齿轮可以作为滑移齿轮使用。　　　　　　　　　　　　　　　　（　　）

4. 内啮合斜齿圆柱齿轮，其旋向一定相反。　　　　　　　　　　　　（　　）

5. 标准模数相同的直齿和斜齿圆柱齿轮，齿高相等。　　　　　　　　（　　）

6. 锥齿轮齿顶圆锥面、分度圆锥面和齿根圆锥面相交于一点。　　　　（　　）

7. 锥齿轮在各个端面中的模数和压力角相同。　　　　　　　　　　　（　　）

8. 齿条传动可以将回转运动转变成直线往复运动，也可将直线往复运动转变成回转运动。

　　　　　　　　　　　　　　　　　　　　　　　　　　　　　　　（　　）

9. 齿条齿顶线、分度线和齿根线上齿距相等。　　　　　　　　　　　（　　）

10. 齿条齿顶线、分度线和齿根线上齿厚相等。　　　　　　　　　　　（　　）

三、选择题

1. 用于高速重载的传动是＿＿＿＿＿＿。

A. 直齿轮传动　　　　B. 斜齿轮传动　　　　C. 螺旋齿传动　　　　D. 锥齿轮传动

2. 斜齿轮法面模数与端面模数的关系_____。

A. $m_n = m_t$　　　　　B. $m_n = m_t \cos\beta$　　　　C. $m_n = m_t / \cos\beta$　　　　D. $m_t = m_n / \sin\beta$

3. 斜齿圆柱齿轮啮合过程中，一对齿廓上的接触线长度是_____。

A. 由短到长逐渐变化的　　　　　　　　B. 由长到短逐渐变化的

C. 由短到长再到短逐渐变化的　　　　　D. 始终保持定值不变

4. 下列关于斜齿轮论述正确的是_____。

A. 承载能力较小，传递功率不大　　　　B. 传动不如直齿轮平稳

C. 能用作变速滑移齿轮使用　　　　　　D. 传动中产生轴向力

5. 一对直齿锥齿轮传动，若某一齿轮的分度圆锥角为90°，则其传动比为_____。

A. 0.5　　　　　B. 1　　　　　C. 2　　　　　D. 45

6. 直齿锥齿轮模数为标准模数的面是指_____。

A. 分度圆锥面　　B. 小端面　　C. 大端面　　D. 中间平面

7. 可用于相交轴间传动的是_____。

A. 直齿圆柱齿轮传动　　B. 斜齿圆柱齿轮传动

C. 直齿锥齿轮传动　　　D. 蜗杆传动

8. 内啮合斜齿轮传动属于_____传动。

A. 平行轴　　　　B. 相交轴　　　　C. 交错轴　　　　D. 平行轴或相交轴

9. 能将回转运动转变成直线往复运动的传动是_____传动。

A. 直齿圆柱齿轮　　　B. 斜齿圆柱齿轮　　　C. 锥齿轮　　　D. 齿轮齿条

10. 对于齿条，不同齿高上的齿距和压力角的关系是_____。

A. 齿距相同，压力角不同　　　B. 齿距不同，压力角相同

C. 齿距不同，压力角不同　　　D. 齿距相同，压力角相同

四、计算题

1. 一对标准斜齿圆柱齿轮转动，两齿轮转向相反；已知标准模数 $m = 5\text{mm}$，两齿轮齿数 $z_1 = 20$，$z_2 = 40$，螺旋角 $\beta = 30°$，试求：

（1）传动比 i_{12}。

（2）端面模数 m_t。

（3）两齿轮分度圆直径 d_1、d_2。

（4）中心距 a。

2. 齿轮齿条传动，已知齿轮齿数 $z_1 = 18$，模数 $m = 2.5\text{mm}$，试求：

（1）当齿轮转过 90° 时，齿条直线移动的距离。

（2）若齿轮转速为 10r/min，齿条直线移动的速度。

（3）若齿轮旋转时的角速度 $\omega = 5\text{rad/min}$，齿条直线移动的速度。

五、综合分析题

图 9-4 所示为渐开线齿轮与标准齿条啮合传动图。试回答：

（1）在图中分别作出节点 P、理论啮合线 $N_1 N_2$、实际啮合线 $K_1 K_2$、啮合角 α'。

（2）该传动装置可以将_____运动转变成_____运动。

（3）齿条齿顶线上齿距与其分度线齿距_____、压力角_____且等于_____。

（4）若齿轮齿条正确啮合，则传动过程中齿条分度线与齿轮分度圆应_____。

（5）若齿轮的模数 $m = 2\text{mm}$，齿数 $z_1 = 20$，且齿条的移动速度 $v = 31.4\text{mm/min}$，则该齿轮的角速度 $\omega_1 = $_____ rad/min。

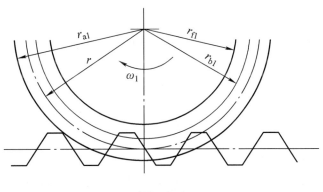

图 9-4

第六节　齿轮的加工与变位齿轮

一、填空题

1. 按切削加工原理分，齿轮加工有_____和_____两大类。

2. 仿形法加工齿轮是利用与齿廓曲线相同的_____刀具在铣床上直接加工出齿轮齿形的加工方法。

3. 仿形法加工的齿轮精度_____，生产率_____，仅适用于_____场合。

4. 展成法是利用一对齿轮（或齿轮与齿条）_____的原理来加工齿轮的。

5. 展成法加工齿轮精度_____，效率_____，而且用同一把齿轮滚刀可以加工模数_____，压力角_____，齿数_____的齿轮。

6. 用展成法加工渐开线齿轮，若齿数较少，_____现象称为根切现象。

7. 齿轮产生根切后，轮齿强度_____，承载能力_____，重合度_____，传动平稳性变_____。

8. 正常齿制直齿圆柱齿轮不发生根切的最少齿数为_____个，短齿制的齿轮不发生根切的最少齿数是_____。

9. 当齿条刀具基准平面与被切齿轮分度圆柱面相切时，加工出来的是_____齿轮；当齿条刀具基准平面与被切齿轮分度圆柱面相割时，加工出来的是_____齿轮；当齿条刀具基准平面与被切齿轮分度圆柱面相离时，加工出来的是_____齿轮。

10. 径向变位系数 x 是指径向变位量除以_____所得的商；当 $x > 0$ 时，称为_____变位；当 $x < 0$ 时，称为_____变位。

11. 一对啮合的大小齿轮，为保证它们的寿命相同，常将大齿轮制成_____变位齿轮，小齿轮制成_____变位齿轮。

12. 名义中心距大于标准中心距的变位齿轮传动属于_____变位齿轮传动。

二、判断题

1. 常采用铸造的方法制造各种齿轮。　　　　　　　　　　　　　　（　　）

2. 模数、压力角相同而齿数不同的齿轮可以使用一把齿轮刀具进行仿形法加工。（　　）

3. 变位齿轮不属于标准齿轮。　　　　　　　　　　　　　　　　　（　　）

4. 采用展成法加工齿轮，当齿数较少时容易产生根切现象。　　　　（　　）

5. 产生根切的齿轮重合度增大，提高了传动平稳性。　　　　　　　（　　）

6. 一对齿轮啮合时，小齿轮轮齿单位时间内啮合的次数多，磨损快，寿命短。（　　）

7. 高度变位齿轮传动的变位系数之和等于1。　　　　　　　　　　　（　　）

8. 名义中心距等于标准中心距的齿轮传动一定是高度变位齿轮传动。　　　　　　（　　）

9. 凑配齿轮副中心距，可以采用高度变位齿轮传动，也可以采用角度变位齿轮传动。

（　　）

10. 正角度变位齿轮传动时，啮合角大于20°。　　　　　　　　　　　　　　（　　）

三、选择题

1. 以下不是展成法加工齿轮的是_____。

　　A. 在铣床上铣削齿轮　　B. 在滚齿机上滚齿　　C. 在插齿机上插齿　　D. 在磨齿机上磨齿

2. 用展成法加工齿轮时，是否发生根切现象，主要取决于刀具与齿轮的啮合极限点，而啮合极限点的位置取决于_____。

　　A. 齿轮模数　　　　　　B. 基圆半径　　　　　C. 齿顶圆直径　　　　　D. 刀具的齿距

3. 以下齿轮加工，不会发生根切现象，但在传动中会发生轮齿干涉的是_____。

　　A. 铣齿　　　　　　　　B. 滚齿　　　　　　　C. 插齿　　　　　　　　D. 都不会

4. 变位齿轮与用同一把齿条刀具加工出来的相同齿数的标准齿轮相比，_____不同。

　　A. 分度圆直径　　　　　B. 基圆直径　　　　　C. 分度圆上压力角　　　D. 分度圆齿厚

5. 用展成法加工正变位齿轮，齿条刀具的基准平面与被加工齿轮的分度圆柱面_____。

　　A. 相切　　　　　　　　B. 相割　　　　　　　C. 相离　　　　　　　　D. 相割或相离

6. 某直齿圆柱齿轮传动，$m = 5mm$，两轮齿数 $z_1 = 14$、$z_2 = 36$，若安装中心距为125mm，则此齿轮传动属于_____传动。

　　A. 标准齿轮　　　　　　　B. 正角度变位齿轮

　　C. 负角度变位齿轮　　　　D. 高度变位齿轮

7. 如图9-5所示的滑移齿轮传动，z_1 能与 z_2、z_3 相啮合，$z_1 = 30$、$z_2 = 22$、$z_3 = 20$，若 z_1、z_3 是标准齿轮，则 z_2 是_____。

　　A. 标准齿轮　　　　　　　B. 正变位齿轮

　　C. 负变位齿轮　　　　　　D. 高度变位齿轮

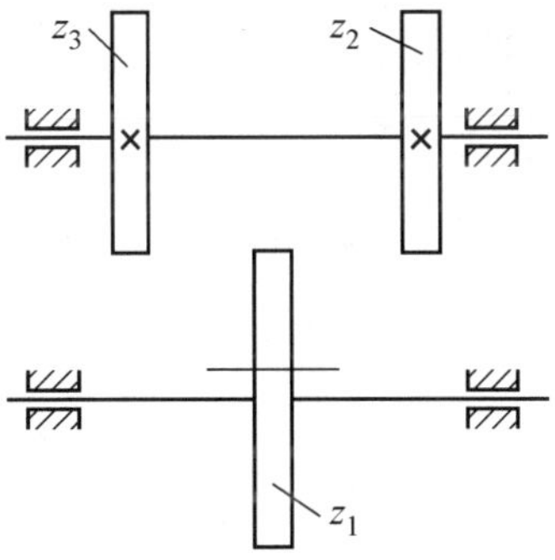

图　9-5

8. 以下变位齿轮传动，仍能保证分度圆与节圆重合的是_____。

　　A. 高度变位齿轮传动　　B. 正角度变位齿轮传动

　　C. 负角度变位齿轮传动　　D. 都不能

四、综合分析题

1. 如图9-6所示的齿轮减速机构，$z_1 = 40$，$z_2 = 30$，$z_3 = 36$，$z_4 = 15$，$z_5 = 60$；z_1 能与 z_2、z_3 相啮合，所有齿轮模数 $m = 4mm$，正常齿制；齿轮 z_1、z_2 为标准齿轮，轴Ⅱ与Ⅲ中心距为150mm，分析并回答下列问题。

（1）z_1、z_3 为_____变位齿轮传动，此时啮合角_____（填"大于""小于"或"等于"）压力角。

（2）齿轮 z_3 为_____变位齿轮，其分度圆齿厚_____（填"大于""小于"或"等于"）槽宽，齿顶变_____，齿根变_____。

（3）z_4、z_5 为_____齿轮传动，为保证大小齿轮寿命相同，通常将 z_4 制成_____齿轮，z_5 制成_____齿轮。

（4）z_4、z_5 分度圆间关系是_____，节圆之间关系是_____。

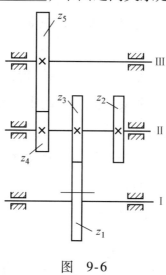

图 9-6

2. 用展成法加工渐开线直齿圆柱齿轮，刀具为标准齿条形刀具，刀具模数 $m = 4\text{mm}$，压力角 $20°$，正常齿制。齿轮的转动中心到刀具分度线之间的距离 $a = 33\text{mm}$，被加工齿轮没有发生根切现象。试回答下列问题。

（1）展成法是利用齿轮的_____原理来进行轮齿加工的方法。

（2）利用展成法加工_____和_____相同而齿数不同的齿轮时，可以使用同一把刀具。

（3）被加工齿轮的齿数为_____，被加工齿轮属于_____（填"标准""正变位"或"负变位"）齿轮，其分度圆上的齿厚_____（填"大于""小于"或"等于"）齿槽宽。

（4）若齿坯的角速度 $\omega = 1/32\text{rad/s}$，则刀具移动的线速度 $v = $_____ mm/s。

（5）在保持 a 和 v 及刀具参数不变的情况下，将齿坯的角速度改为 $\omega = 1/34\text{rad/s}$，则被加工齿轮的齿数为_____，被加工齿轮属于_____（填"标准""正变位"或"负变位"）齿轮。

第七节　渐开线齿轮的精度

一、填空题

1. 齿轮精度是由＿＿＿＿＿＿＿、＿＿＿＿＿＿＿、＿＿＿＿＿＿＿＿和齿轮副侧隙四个方面组成的。

2. 齿轮运动精度通常以齿轮每回转一周，其＿＿＿＿误差来反映，＿＿＿＿误差越小，传递运动越准确。

3. 齿轮接触精度通常用＿＿＿＿＿＿＿占整个齿面的比例来表示。

4. 渐开线齿轮精度共分11级，其中＿＿＿级精度最高，＿＿＿级精度最低。

5. 齿轮副侧隙一般通过选择适当的＿＿＿＿＿＿＿＿并控制＿＿＿＿＿＿＿＿来保证的。

6. 对于汽车、机床变速箱中的齿轮，＿＿＿＿＿精度和＿＿＿＿＿精度是主要的。

7. 圆柱齿轮齿面公差分级制中，单个齿轮齿面的基本偏差有＿＿＿＿偏差、＿＿＿＿＿偏差和＿＿＿＿＿偏差等。

8. 产品齿轮是指正在被＿＿＿＿＿＿＿＿＿＿的齿轮。

9. 测量齿轮是指检验径向综合偏差时，在＿＿＿＿＿上与＿＿＿＿＿相啮合的齿轮。

二、判断题

1. 高速运动的齿轮，运动精度是主要的。　　　　　　　　　　　　　　　　（　　）

2. 齿轮传动的平稳性精度是限制齿轮每转转角最大误差的绝对值。　　　　（　　）

3. 接触精度是指齿轮传动中，其工作齿面承受载荷的分布均匀性。　　　　（　　）

4. GB/T 10095.2—2008 与 GB/T 10095.1—2022 规定的公差等级是完全一样的。（　　）

5. 当供需双方同意时，齿轮检测可按默认参数表进行检测。　　　　　　　（　　）

6. 齿轮点的公差等级是由标准中规定的所有偏差项目中的最小公差等级来确定的。

（　　）

三、选择题

1. 对于高速传动的齿轮，＿＿＿＿＿＿＿要求是主要的。

    A. 运动精度　　　　B. 工作平稳性精度　　　　C. 接触精度　　　　D. 齿轮副侧隙

2. 对于精密机床分度机构中的齿轮，＿＿＿＿＿＿要求是主要的。

    A. 运动精度　　　　B. 工作平稳性精度　　　　C. 接触精度　　　　D. 齿轮副侧隙

3. 对于低速重载的齿轮，＿＿＿＿＿＿要求是主要的。

    A. 运动精度　　　　B. 工作平稳性精度　　　　C. 接触精度　　　　D. 齿轮副侧隙

4. 齿轮工作的平稳性精度，就是规定齿轮转一转中，其＿＿＿＿＿的变化限制在一定范围内。

    A. 转速   B. 角速度   C. 瞬时传动比   D. 转角

5. 在齿轮端平面内，测量圆上实际齿距与理论齿距的代数差是_____。

    A. 齿距偏差   B. 齿廓偏差   C. 螺旋线偏差   D. 径向综合偏差

6. 径向综合偏差的测量仅适用于_____的检查。

    A. 单个齿轮   B. 两个产品齿轮啮合

    C. 产品齿轮与测量齿轮啮合   D. 两个测量齿轮啮合

第八节　齿轮轮齿的失效形式

一、填空题

1. 齿面点蚀是_____齿轮的主要失效形式。

2. 齿面磨损是_____齿轮传动的主要失效形式。

3. 高速重载或低速重载的齿轮易发生_____，其部位常出现在_____处。

4. 轮齿发生塑性变形后，主动轮齿面沿节线处形成_____，从动轮齿面沿节线处形成_____。

5. 轮齿折断是_____和_____主要失效形式之一。

6. 轮齿折断一般发生在_____部位。通常通过选择适当的_____和_____，采用合适的材料及热处理工艺等方法可提高轮齿抗折断能力。

7. 开式齿轮传动主要的失效形式有_____和_____。

二、判断题

1. 降低齿面硬度是减少齿面点蚀的有效措施。　　　　　　　　　　　（　　）

2. 开式齿轮传动也容易产生齿面点蚀现象。　　　　　　　　　　　（　　）

3. 采用闭式齿轮传动是防止齿面磨损最有效的途径。　　　　　　　（　　）

4. 齿面硬度低于350HBW的齿轮一般称为软齿面齿轮。　　　　　　（　　）

5. 硬齿面齿轮，不易产生塑性变形的失效形式。　　　　　　　　　（　　）

6. 硬齿轮最容易发生齿面点蚀失效形式。　　　　　　　　　　　　（　　）

7. 适当提高齿面硬度，可以有效防止齿轮轮齿各种失效形式。　　　（　　）

8. 工作过程中，轮齿受到短期过大载荷或冲击引起的折断称为疲劳折断。（　　）

9. 齿轮传动中，过载折断是轮齿常见的失效形式。　　　　　　　　（　　）

10. 齿面磨损到一定程度后，轮齿易发生过载折断。　　　　　　　（　　）

三、选择题

1. 高速重载齿轮传动主要的失效形式是_____。

    A. 齿面点蚀　　　　B. 齿面磨损　　　　C. 齿面胶合　　　　D. 轮齿折断

2. 对于轮齿表面硬度小于或等于350HBW的闭式齿轮传动，最主要的失效形式是_____。

    A. 齿面点蚀　　　　B. 齿面磨损　　　　C. 齿面胶合　　　　D. 轮齿折断

3. 齿轮齿面抗点蚀能力主要和齿面的_____有关系。

A. 塑性   B. 硬度   C. 精度   D. 齿宽

4. 开式齿轮传动一般不会发生_____。

A. 齿面点蚀   B. 齿面磨损   C. 齿面胶合   D. 轮齿折断

5. 防止齿面塑性变形的主要措施有_____。

A. 降低齿面硬度   B. 采用黏度小的润滑油

C. 减小表面粗糙度值   D. 提高齿面硬度及采用黏度大的润滑油

6. 齿轮在传动过程中，工作齿面间的相对滑动会造成_____。

A. 齿面点蚀   B. 齿面磨损   C. 齿面胶合   D. 齿面塑性变形

7. 齿面点蚀一般出现在_____。

A. 靠近齿顶部位   B. 靠近齿根部位

C. 靠近节线的齿顶部位   D. 靠近节线的齿根部位

8. 齿面胶合一般出现在_____。

A. 靠近齿顶部位   B. 靠近齿根部位

C. 靠近节线的齿顶部位   D. 靠近节线的齿根部位

9. 齿轮传动中，当齿面间因不能形成油膜或油膜被挤破而使齿面直接接触从而黏着的现象，称为_____。

A. 点蚀   B. 塑性变形   C. 热胶合   D. 冷胶合

第九节 蜗杆传动

一、填空题

1. 蜗杆传动是利用_____副来传递运动和动力的。

2. 阿基米德蜗杆其端面齿廓是_____线，轴向齿廓是_____线，法向齿廓是_____线。

3. 蜗杆传动的主动件一般是_____。

4. 加工蜗轮时，为避免产生根切现象，单头蜗杆、蜗轮的最少齿数为_____；多头蜗杆、蜗轮的最少齿数为_____。

5. 分度机构中，一般采用_____头蜗杆；传递功率较大时，采用_____头蜗杆。

6. 当蜗杆的_____小于材料的_____时，蜗杆传动具有自锁性。

7. 蜗杆传动是_____接触的_____副；但因啮合区相对滑动速度_____，摩擦损失大，因此传动效率比齿轮传动_____。

8. 蜗杆传动中间平面是指蜗杆的_____平面和蜗轮的_____平面；中间平面内蜗杆蜗轮传动相当于_____和_____传动。

9. 蜗杆传动中的标准模数是指_____内的模数，它们分别是指蜗杆_____模数和蜗轮的_____模数。

10. 为了使_____和_____，蜗杆除规定标准模数和压力角外，还对蜗杆的直径系数做了规定。

11. 蜗杆的导程角越大，传动效率越_____；当蜗杆的头数一定时，蜗杆的直径系数越大，蜗杆的刚性越_____，传动效率越_____。

12. 蜗轮的螺旋角是指蜗轮_____与其圆柱直素线之间所夹角的锐角。

13. 开式蜗杆传动，主要失效形式是_____；闭式蜗杆传动，主要失效形式是_____。

14. 蜗杆传动正确啮合的条件是_____相等，_____相等，_____相等且旋向_____。

二、判断题

1. 蜗杆传动，主动件一定是蜗杆，从动件一定是蜗轮。　　　　　　　　（　　）

2. 当蜗杆为主动件时，蜗杆传动一般用于减速目的。　　　　　　　　（　　）

3. 蜗杆传动，蜗杆轴线与蜗轮轴线垂直相交。　　　　　　　　　　　（　　）

4. 渐开线蜗杆轴向平面内齿廓是直线。　　　　　　　　　　　　　　（　　）

5. 蜗杆传动的传动比 $i = z_2/z_1 = d_2/d_1$。 （　　）

6. 蜗杆传动中，若已知蜗杆的转向，蜗轮的旋向，便可以判别出蜗轮的转向或蜗杆的旋向。 （　　）

7. 蜗杆传动具有传动比大，传动平稳，承载能力大的特点。 （　　）

8. 蜗杆传动失效部位常发生在蜗杆上。 （　　）

9. 蜗杆传动的传动效率较低，但比带传动的效率高。 （　　）

10. 蜗杆传动中平面内的参数为标准值。 （　　）

11. 多头蜗杆比单头蜗杆传动效率高，但难于加工。 （　　）

12. 蜗杆端平面内压力角应等于蜗轮法平面内压力角，且等于 20°。 （　　）

13. 蜗杆直径系数越大，其刚性越大，传动效率越高。 （　　）

14. 模数和压力角相同的蜗杆蜗轮可以任意互换。 （　　）

15. 啮合传动的蜗杆蜗轮也具有中心距可分离的特性。 （　　）

三、选择题

1. 用于传递空间垂直交错轴运动和动力的是＿＿＿＿＿＿。

    A. 直齿圆柱齿轮传动　　B. 锥齿轮传动　　C. 齿轮齿条传动　　D. 蜗杆传动

2. 加工阿基米德蜗杆的车刀刀尖角为＿＿＿＿＿＿。

    A. 20°　　　　　　　　B. 30°　　　　　　　C. 40°　　　　　　　D. 60°

3. 阿基米德蜗杆轴向平面齿廓是＿＿＿＿＿＿。

    A. 直线　　　　　　　　B. 曲线　　　　　　　C. 阿基米德螺旋线　　D. 渐开线

4. 蜗轮常采用的材料是＿＿＿＿＿＿。

    A. 碳素钢　　　　　　　B. 合金钢　　　　　　C. 铸铁　　　　　　　D. 青铜

5. 蜗杆常采用的材料是＿＿＿＿＿＿。

    A. 碳素钢　　　　　　　B. 铸铁　　　　　　　C. 青铜　　　　　　　D. 铝合金

6. 手动起重机装置中，重物可停留在任意升降位置上而不会自动下落，这是利用蜗杆传动的＿＿＿＿＿＿特性。

    A. 传动比大　　　　　　B. 传动平稳　　　　　C. 自锁性　　　　　　D. 中心距不可分离

7. 传动比大而准确的传动是＿＿＿＿＿＿。

    A. 链传动　　　　　　　B. 蜗杆传动　　　　　C. 齿轮传动　　　　　D. 带传动

8. 中平面内，蜗轮的齿廓是＿＿＿＿＿＿。

    A. 直线　　　　　　　　B. 渐开线　　　　　　C. 阿基米德螺旋线　　D. 曲线

9. 蜗杆的标准模数是指＿＿＿＿＿＿。

    A. 端面模数　　　　　　B. 法面模数　　　　　C. 轴向模数　　　　　D. 大端模数

10. 蜗杆传动中，如果模数和蜗杆头数一定，增加蜗杆分度圆直径，则＿＿＿＿＿＿。

    A. 传动效率提高，蜗杆刚度下降　　　B. 传动效率下降，蜗杆刚度增加

C. 传动效率和蜗杆刚度都提高   D. 传动效率和蜗杆刚度都下降

四、计算题

1. 某建筑机械需配置一蜗杆减速器，传动比为20.5，仅有一种蜗轮滚刀，双头，其参数为$q=9$，$d_1=90\text{mm}$，试计算用此滚刀加工的蜗轮及蜗杆尺寸（m、p_t、z_2、d_{a1}、d_{f1}、d_2、d_{a2}、d_{f2}、β 及中心距 a）。

2. 图9-7所示为手动起重机工作原理图，已知 $z_1=2$，$z_2=40$，卷筒直径 $D=200\text{mm}$，试求：

（1）若蜗杆旋转方向如图所示，重物是上升还是下降的？

（2）若要求重物移动的速度 $v=12.56\text{m/min}$，求蜗杆的转速 n_1。

（3）若要求重物上升1.57m，蜗杆应转过多少转？

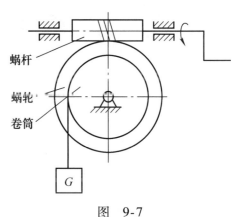

图 9-7

五、综合分析题

图 9-8 所示为一标准蜗杆传动起重装置。悬挂的重物 W 通过钢索绕在卷筒上，卷筒与蜗轮同轴。已知蜗轮齿数 $z_2 = 40$，分度圆半径 $r_2 = 160\text{mm}$，蜗杆的头数 $z_1 = 1$，蜗杆直径系数 $q = 17.5$。

（1）蜗杆传动的中心距 $a =$ ＿＿＿＿＿＿ mm。

（2）蜗轮的齿根圆直径 $d_{f2} =$ ＿＿＿＿＿＿ mm。

（3）蜗轮分度圆柱面螺旋角 $\beta_2 =$ ＿＿＿＿＿＿（保留两位小数）。

（4）重物 W ＿＿＿＿＿＿（填"会"或"不会"）自动下落。

（5）重物上升时，蜗杆的转向＿＿＿＿＿＿（填"向上"或"向下"）。

（6）当蜗杆的头数不变，直径系数 q 值变小，效率变＿＿＿＿＿＿（填"高"或"低"），自锁性变＿＿＿＿＿＿（填"好"或"差"）。

（7）蜗杆常用＿＿＿＿＿＿＿材料制造，蜗轮常用＿＿＿＿＿＿＿材料制造。

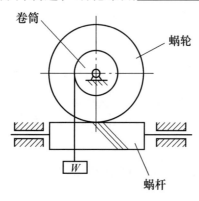

图 9-8

第十节　齿轮传动的受力分析

一、填空题

1. 齿轮传动中，主动轮圆周分力是阻力，与主动轮运动方向＿＿＿＿＿＿；从动轮圆周分力是驱动力，与其运动方向＿＿＿＿＿＿＿。

2. 直齿圆柱齿轮传动，径向力由啮合点指向各自＿＿＿＿＿＿＿。

3. 斜齿圆柱齿轮传动，螺旋角越大，则轴向力＿＿＿＿＿＿＿。

4. 直齿锥齿轮传动，轴向力是由啮合点指向＿＿＿＿＿＿＿。

5. 锥齿轮传动中，主动轮的轴向力与从动轮的＿＿＿＿＿＿＿＿＿＿大小相等，方向相反。

6. 蜗杆的轴向力与蜗轮的＿＿＿＿＿＿＿＿力是一对作用力与反作用力。

二、判断题

1. 直齿圆柱齿轮传动，主动轮的径向力与从动轮的圆周力是一对作用力与反作用力。

（　　）

2. 斜齿圆柱齿轮传动，主动轮的轴向力与从动轮的轴向力的是一对作用力与反作用力。

（　　）

3. 斜齿圆柱齿轮轴向力方向仅与齿轮螺旋方向有关而与齿轮转向无关。（　　）

4. 锥齿轮传动，主动轮的轴向力与从动轮的轴向力是一对作用力与反作用力。（　　）

5. 锥齿轮轴向力方向与齿轮转向有关。（　　）

6. 蜗杆的径向力与蜗轮的径向力是一对作用力与反作用力。（　　）

三、选择题

1. 传动中无轴向力的是＿＿＿＿＿＿＿＿。

　　A. 直齿圆柱齿轮传动　　B. 斜齿圆柱齿轮传动　　C. 锥齿轮传动　　D. 蜗杆传动

2. 齿轮传动中，与传递功率直接有关的是＿＿＿＿＿＿＿＿。

　　A. 轴向力　　　　　　B. 径向力　　　　　　C. 圆周力　　　　　D. 法向力

3. 锥齿轮传动，与主动轮径向力是一对作用力与反作用力的是从动轮的＿＿＿＿＿＿＿＿。

　　A. 轴向力　　　　　　B. 径向力　　　　　　C. 圆周力　　　　　D. 法向力

4. 与蜗杆圆周力是一对作用力与反作用力的是蜗轮的＿＿＿＿＿＿＿＿。

　　A. 法向力　　　　　　B. 轴向力　　　　　　C. 径向力　　　　　D. 圆周力

四、作图题

1. 如图 9-9 所示齿轮传动中，z_1 为主动轮，分别画出各图中两齿轮所受的分力。

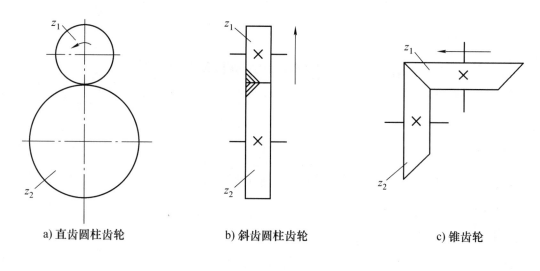

a) 直齿圆柱齿轮   b) 斜齿圆柱齿轮   c) 锥齿轮

图   9-9

2. 如图9-10所示的蜗杆传动，试分别作出蜗杆和蜗轮所受的分力。

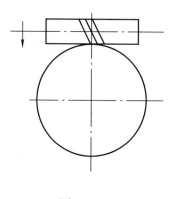

图   9-10

五、综合分析题

1. 图9-11所示为锥齿轮和斜齿圆柱齿轮传动，已知 z_1 为主动件，分析并回答下列问题。

（1）轴Ⅲ的旋转方向_____。

（2）若使轴Ⅱ受到轴向力最小，则 z_3 旋向为_____，z_4 旋向为_____。

（3）z_2 的圆周力方向_____，径向力方向_____。

（4）z_3 的圆周力方向_____，轴向力方向_____。

（5）z_3 与 z_4 正确啮合条件是_____、

_____、_____。

（6）作出 z_4 所受的分力。

2. 某齿轮传动机构示意图如图9-12所示。蜗杆的导程角小
于蜗杆副材料的当量摩擦角，轴Ⅱ上的轴向力能相互抵消一部
分。分析该图并回答下列问题。

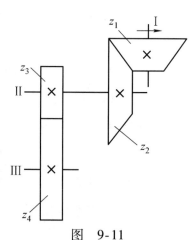

图   9-11

（1）构件 1、2 的正确啮合条件是：在中平面内，构件 1 的_____模数、压力角分别与构件 2 的_____模数、压力角相等；构件 1 的分度圆柱面导程角和构件 2 的分度圆柱面螺旋角相等，且旋向_____。

（2）构件 4 的旋向为_____，构件 3 的旋向为_____。

（3）构件 3 所受的轴向力方向向_____（填"上"或"下"），构件 1 圆周力方向向_____（填"上"或"下"）。

（4）构件 1 的旋向为_____，受到的径向力方向为_____。

（5）构件 2 所受轴向力方向为_____，与构件 1 的_____力是作用力与反作用力。

（6）构件 3 的标准模数为_____（填"端面"或"法面"）模数。

（7）构件 1 一般用碳素钢或_____钢材料制造。

（8）构件 1 和构件 2 啮合时，若出现失效，则常发生在构件_____（填构件序号）上。

（9）在图中作出构件 4 所受的分力。

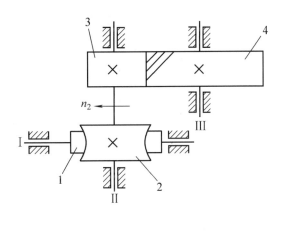

图 9-12

3. 图 9-13 所示为某组合传动机构简图。图中，锥齿轮 1 为主动轮，且与锥齿轮 2 构成直齿锥齿轮传动；蜗杆 3 为阿基米德蜗杆，与蜗轮 4 构成蜗杆传动；曲柄 5 与蜗轮 4 同轴并绕 O_1 转动；槽轮 6 绕 O_2 转动并与曲柄 5 构成槽轮机构。锥齿轮 2 的转向如图所示，要求 I 轴蜗杆轴上的轴向力尽可能小，试回答下列问题。

（1）锥齿轮 1 的转动方向为_____（填"顺时针"或"逆时针"），与锥齿轮 2 的正确啮合条件是_____模数、压力角分别相等。

（2）蜗杆 3 的轴向力_____（填"向上"或"向下"），旋向为_____（填"左"或"右"）旋，蜗轮 4 的转向为_____（填"顺时针"或"逆时针"）。

（3）槽轮 6 的运动方向为_____（填"顺时针"或"逆时针"）。

（4）蜗杆3的端面齿廓是_____，轴向齿廓是_____。

（5）蜗轮4标准值所在的平面是_____（填"端平面"或"法平面"）。

（6）蜗轮4的轴向力_____（填"垂直纸面向外"或"垂直纸面向里"），与蜗杆3的_____（填"轴向""圆周"或"径向"）力为作用力与反作用力。

（7）曲柄5转动1周，槽轮转过的角度为_____。。

（8）图示状态，槽轮6的内凹圆弧 *efg* _____（填"起"或"不起"）锁紧作用。

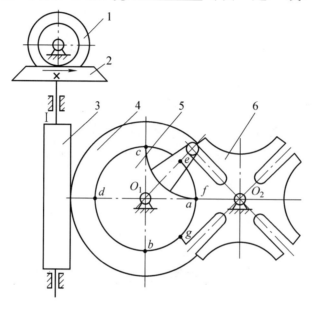

图 9-13

第十章 轮 系

第一节 轮系的分类与传动特点

一、填空题

1. 由一系列_____组成的传动系统称为轮系。

2. 按齿轮几何轴线在空间的相对位置是否固定，轮系可分为_____轮系、_____轮系和_____轮系三大类。

3. 轮系可获得_____传动比（填"较大"或"较小"），并可做_____距离传动。

4. 定轴轮系中，每个齿轮的轴线都是_____。

5. 周转轮系可实现运动的_____和_____。

二、判断题

1. 轮系不能获得准确传动比。 （ ）

2. 实际传动中的轮系还包括蜗杆传动、摩擦轮传动和带传动等。 （ ）

3. 所有齿轮几何轴线位置都不固定的轮系称为周转轮系。 （ ）

4. 轮系不仅可以实现变速要求，还可以实现变向的要求。 （ ）

5. 定轴轮系可以实现运动的合成和分解。 （ ）

三、选择题

1 传动距离为 a，通常设计中用图 10 1b 所示结构代替图 10-1a 所示结构是为了_____。

A. 实现变速要求　　B. 实现变向要求

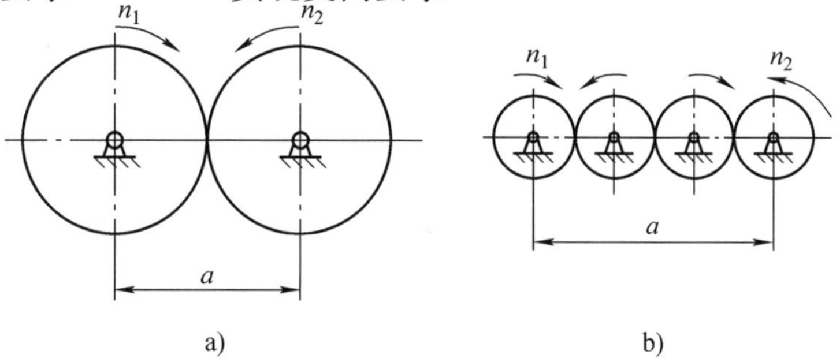

图 10-1

  C. 改变传动比   D. 可得到结构紧凑的远距离传动

2. 三星齿轮在轮系中起的作用是_____。

  A. 实现变速要求   B. 实现变向要求

  C. 改变传动比   D. 可得到结构紧凑的远距离传动

3. 轮系_____。

  A. 不能获得很大传动比

  B. 不适宜做较远距离传动

  C. 可以实现运动的合成但不能实现运动的分解

  D. 可以实现变速和变向要求

4. 当两轴距离较远，且要求准确传动，应采用_____。

  A. 带传动   B. 蜗杆传动   C. 轮系传动   D. 链传动

5. 如图 10-2 所示为车床的主运动传动系统，主轴可以获得的转速级数是_____。

  A. 3 级   B. 5 级   C. 7 级   D. 12 级

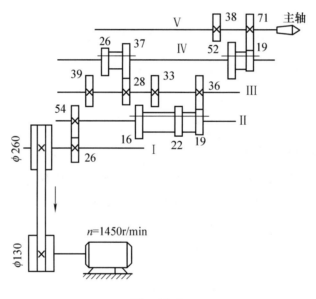

图 10-2

6. 如图 10-3 所示周转轮系，其中太阳轮是构件_____。

  A. H   B. 1   C. 2   D. 3

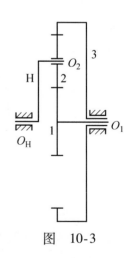

图 10-3

第二节　定轴轮系的分析与计算

一、填空题

1. 定轴轮系的传动比是指＿＿＿＿＿＿＿＿的转速（或角速度）之比。

2. 定轴轮系的传动比等于各级齿轮传动比＿＿＿＿＿＿＿。

3. 用 $(-1)^m$ 判断末轮转动方向只适用于＿＿＿＿＿＿＿场合。若 m 为 8，则表明轮系中有＿＿＿＿＿＿外啮合圆柱齿轮。

4. 轮系中的惰轮只改变从动轮的＿＿＿＿＿＿＿，而不改变从动轮的＿＿＿＿＿大小。

5. 定轴轮系末端为螺旋传动，已知末端螺杆转速为 40r/min，3 线螺杆螺距为 5mm，则螺母 30s 移动的距离为＿＿＿＿＿＿ mm。

6. 定轴轮系末端为齿轮齿条传动，已知齿轮模数 $m = 4$mm，齿数 $z = 18$，转速 $n_K = 30$r/min，则齿条的移动速度为＿＿＿＿＿＿＿。

二、判断题

1. 定轴轮系传动比与轮系中惰轮的齿数有关。（　　）

2. 箭头法标注齿轮回转方向，箭头表示齿轮可见侧圆周线速度方向。（　　）

3. 当轮系中有奇数个惰轮时，首末两轮旋转方向相同。（　　）

4. 轮系可以获得很大传动比，所以轮系只能用于减速传动。（　　）

5. 含有锥齿轮、蜗杆传动的轮系只能用箭头法判别各轮的旋转方向。（　　）

6. 定轴轮系可以把旋转运动转变为直线运动。（　　）

三、选择题

1. 若输入轴转速为 1200r/min，现要求在高效率下使输出轴获得 12r/min 转速，应使用＿＿＿＿＿＿＿。

    A. 带传动　　　　B. 一对直齿圆柱齿轮传动

    C. 单头蜗杆传动　D. 轮系传动

2. 如图 10-4 所示的轮系，其中轴 I、轴 III、轴 V 同轴，已知 $z_1 = z_2 = z_4 = z_5 = 30$，则齿轮 z_1 到 z_5 传动比为＿＿＿＿＿＿＿。

图　10-4

    A. 3　　　B. 1/3　　　C. 9　　　D. 1/9

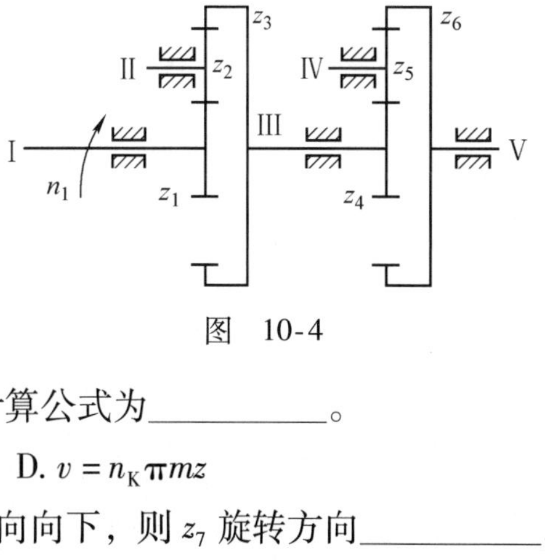

3. 末端是齿轮齿条传动的轮系中，齿条移动速度的计算公式为＿＿＿＿＿＿＿。

    A. $v = n_K d$　　B. $v = n_K \pi s$　　C. $v = n_K p_t$　　D. $v = n_K \pi m z$

4. 如图 10-5 所示的定轴轮系，已知主动轮 z_1 旋转方向向下，则 z_7 旋转方向＿＿＿＿＿＿＿。

A. 向上   B. 向下   C. 向左   D. 向右

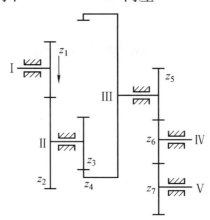

图　10-5

5. 轮系中惰轮常用来改变_____。

     A. 主动轮的转向   B. 从动轮的转向

     C. 主动轮的转向及传动比大小   D. 从动轮的转向及传动比大小

四、计算题

1. 如图 10-6 所示的起重装置中，电动机转速 $n_1 = 960\text{r/min}$，$D_1 = 100\text{mm}$，$D_2 = 200\text{mm}$，

齿轮 A、B、4、5 为模数相等的标准直齿圆柱齿

轮，$z_B = z_4 = 50$，$z_5 = 30$，$z_6 = z_7 = 25$，$z_8 = 1$，

$z_9 = 50$，卷筒直径 $D_{10} = 100\text{mm}$，蜗杆 8 与锥齿

轮 7 之间轴的轴向力相互抵消。试回答下列问题。

（1）用箭头法判别重物移动的方向。

（2）试求 z_A 的值。

（3）计算图示啮合状态时电动机到蜗轮 9 之

间传动比 i_{19}。

（4）计算重物 G 的最大移动速度和最小移

动速度。

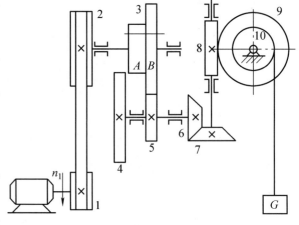

图　10-6

118

2. 如图 10-7 所示传动机构，蜗杆为双头，转速为 $n_1 = 320\text{r/min}$，$z_2 = 80$，$z_3 = 40$，$z_4 = 40$，$z_5 = 20$，$z_6 = 40$，$z_7 = 20$，$m_7 = 2\text{mm}$，z_5、z_6 为斜齿轮，要求 Ⅱ、Ⅲ 轴上的轴向力相互抵消，分析该机构回答下列问题。

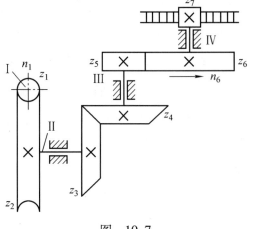

（1）指出蜗杆 z_1 的旋向和旋转方向。

（2）指出 z_5、z_6 旋向。

（3）计算齿轮 3 到齿轮 6 的传动比 i_{36}。

（4）计算齿条的移动速度，判别齿条移动方向。

（5）若齿条移动距离为 251.2mm，需多长时间？

图 10-7

3. 如图 10-8 所示轮系中，已知 $n_1 = 800\text{r/min}$，$z_1 = 20$，$z_2 = 40$，$z_3 = 20$，$z_4 = 80$，z_5 为模数是 5mm、直径系数是 10 的双头蜗杆，$z_6 = 40$，$z_7 = 40$，$z_8 = 80$，其他参数如图所示，试分析计算后回答下列问题。

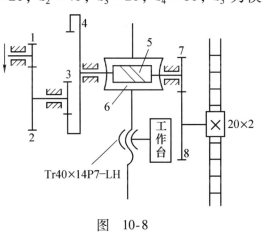

（1）计算工作台的移动速度，判别其移动方向。

（2）计算齿条的移动速度，判别其移动方向。

（3）若工作台向下移动 21mm，则齿条移动距离为多少？移动方向如何？

（4）z_5 与 z_6 中心距为多少？

图 10-8

五、综合分析题

1. 图 10-9 所示为定轴轮系的结构示意图，$n_1 = 600\mathrm{r/min}$，$z_1 = 60$，$z_2 = 30$，$z_3 = 45$，$z_4 = 50$，$z_5 = 80$，$z_6 = 50$，$z_7 = 60$，$z_8 = 90$，$z_9 = 75$，$z_{10} = 20$，$z_{11} = 50$，$z_{12} = 40$，$z_{13} = 45$，$z_{14} = 45$，$z_{15} = 2$，$z_{16} = 40$，$z_{17} = 30$，$z_{18} = 60$，分析并回答以下问题。

（1）图中为了使蜗杆轴受到的轴向力最小，蜗杆的旋向应为_____。

（2）图示工作台的移动方向_____，齿条的移动方向_____。

（3）图示齿轮 14 有_____种不同的运动速度，齿轮 13 受到的轴向力的方向为_____。

（4）若蜗杆的直径系数为 10，蜗杆和蜗轮的中心距为 175mm，则模数为_____；图示状态齿条的移动速度为_____ m/s；蜗杆转动一周，工作台移动的距离为_____ mm。

（5）工作台最大移动速度为_____ m/min，工作台最小移动速度为_____ m/min。

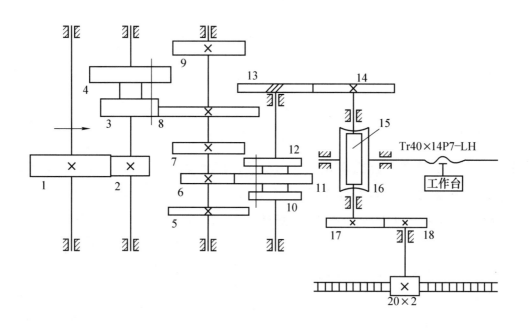

图 10-9

2. 如图 10-10 所示的螺纹车削装置中，工件装夹在主轴上，按图示方向随主轴旋转。同时，动力也通过轮系经丝杠带动刀架移动。已知 $z_1 = 2$，$z_2 = 30$，$z_3 = z_4 = z_5 = z_6 = 25$，齿轮 3、4 为斜齿轮，配置交换齿轮的比值 $\dfrac{z_B z_D}{z_A z_C} = \dfrac{1}{15}$，丝杠导程 $P_h = 10\mathrm{mm}$（右旋）。解答下列问题。

（1）主轴旋转时，刀架向_____运动，此时可加工_____（填"左"或"右"）旋螺纹件。

（2）被加工螺纹件的导程 P_{hw} 为_____ mm。

（3）车削过程中的进给量为_____ mm/r。

（4）蜗杆 1 所受轴向力向_____，蜗轮 2 所受轴向力向_____（填"上""下""左"或"右"）。

（5）为使蜗轮 2 与斜齿轮 3 之间轴的轴向力较小，斜齿轮 3 的螺旋线方向为____旋，斜齿轮 4 的螺旋线方向为____（填"左"或"右"）旋。

（6）若车削导程 $P_{hw} = 8mm$ 的螺纹件，配置交换齿轮的比值 $\dfrac{z_B z_D}{z_A z_C}$ 需调整为_____。

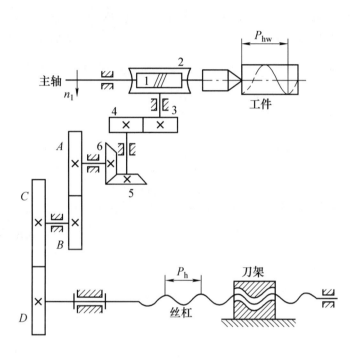

图 10-10

3. 如图 10-11 所示的滚齿机工作台传动系统，动力由轴 I 输入，$n_1 = 1r/min$。齿轮 1、2、3、4 为锥齿轮，$z_1 = z_2 = z_3 = z_4 = 28$，齿轮 5、6、7、8、9、10 为斜齿轮，$z_5 = 36$，$z_6 = 18$，$z_7 = 30$，$z_8 = 30$，$z_9 = 50$，$z_{10} = 20$，蜗杆头数 $z_{11} = 1$，蜗轮齿数 $z_{12} = 60$。圆柱齿轮齿数 $z_{13} = 20$，z_{13} 的模数 $m = 0.5mm$。在蜗轮 12 带动下，工作台及安装在工作台上的被切齿坯一起回转。要求单头滚刀回转 1 周，被切齿坯转过 1 个齿。解答下列问题。

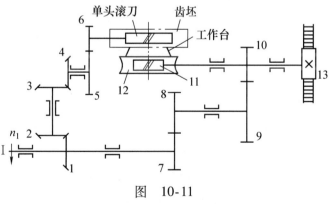

图 10-11

（1）为使轴上的轴向力较小，斜齿轮 5 的螺旋线方向为_____旋，斜齿轮 9 的螺旋线方向为_____旋。

（2）锥齿轮 z_3 的圆周力方向为_____，斜齿轮 z_8 轴向力方向为_____。

（3）斜齿轮传动的正确啮合条件之一是：两齿轮的螺旋角相等且螺旋方向_____。

（4）当蜗杆头数 z_{11} 及模数不变时，减小蜗杆直径系数，则蜗杆导程角_____（填"增大""减小"或"不变"）。

（5）齿条移动的方向_____。

（6）齿条移动的速度为_____ mm/min。

（7）被切齿坯上加工出的齿数为_____。

4. 如图 10-12 所示的轮系中，各齿轮齿数和轴 I 直齿锥齿轮的转向如图所示，各直齿圆柱齿轮均为标准齿轮且模数相等，齿轮 2 的半径 $r_2 = 100$mm，其圆柱面与齿轮 1 的端面紧密压合，齿轮 2 和螺杆（Tr24×3-LH）连成一体，螺母固定不动。已知齿轮 1 与齿轮 2 接触处的最大回转半径 $r_1 = 200$mm，齿轮 1 上 B 点的回转半径 $r_B = 100$mm。试求：

（1）$z = $_____。

（2）主轴 III 的最低转速 $n_{\text{III min}} = $_____ r/min，轴 I 和轴 III 的最小传动比 $i_{\text{I III min}} = $_____。

（3）图示啮合状态，齿轮 2 运动到 B 点时的线速度 $v_{2B} = $_____ m/s。

（4）图示啮合状态，螺杆的移动方向为_____。图中双联滑移锥齿轮起_____作用。

（5）螺杆移动的最大速度 $v_{\max} = $_____ m/s。

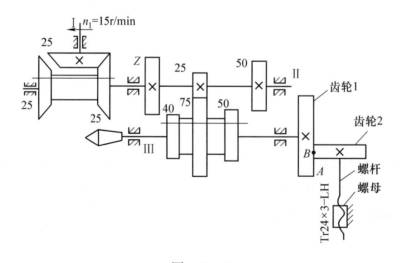

图 10-12

5. 如图 10-13 所示的传动装置中，电动机转速 $n_1 = 960$r/mim，$D_1 = 100$mm，$D_2 = 200$mm，三联滑移齿轮 A—B—C 和齿轮 4、5、6 为模数相等的标准直齿圆柱齿轮，齿轮 7、8 为斜齿轮，$z_A = z_5 = 30$，$z_4 = 50$，$z_6 = 40$，$z_7 = z_{11} = z_{12} = 25$，$z_8 = 50$，$z_9 = 1$，$z_{10} = 40$，输出端为单圆销六槽槽轮机构。解答下列问题。

（1）为使蜗杆 9 与斜齿轮 8 之间轴的轴向力较小，斜齿轮 8 的螺旋线方向应为_____旋，斜齿轮 7 的螺旋线方向应为_____（填"左"或"右"）旋。

（2）蜗轮 10 沿_____方向转动，槽轮沿_____（填"顺时针"或"逆时针"）方向转动。

（3）蜗杆传动的正确啮合条件之一是蜗杆分度圆柱面_____角与蜗轮分度圆柱面____角相等，且旋向一致。

（4）齿轮齿数 z_B 等于_____，齿轮齿数 z_C 等于_____。

（5）齿轮 12 转速分三档，最大转速为_____ r/min。

（6）槽轮机构曲柄与齿轮 12 为同一构件。当滑移齿轮 3 处于图示位置时，槽轮每小时转动_____圈，槽轮停歇时间是运动时间的____倍。

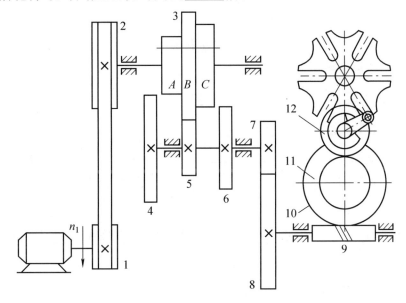

图 10-13

第三节　变速机构和变向机构

一、填空题

1. 变速机构分_____变速机构和_____变速机构两大类，都是通过改变_____而获得不同转速的。

2. 机械无级变速机构是改变主、从动件的_____，实现输出轴的转速在_____无级变化。

3. 机械有级变速机构有_____变速机构、_____变速机构、_____变速机构和_____变速机构等几种。

4. 机械无级变速机构有_____无级变速机构、_____无级变速机构和_____无级变速机构等。

5. 塔轮变速机构常用于转速_____，但需要有多种转速的场合，容易实现传动比成_____变速机构，常用于车床_____变速机构。

6. 装在轴上的齿轮与轴之间三种联接关系是_____、_____、_____。

7. 机械无级变速机构一般依靠_____来传递转矩，通常都具有_____功能。

8. 变向机构是指输入轴旋转方向不变的条件下，改变_____的装置。

二、判断题

1. 改变主动轮的转速，从动轮转速也改变的机构是变速机构。　　　　　（　　）
2. 滑移齿轮变速机构不能适用于转速范围较大的多级变速。　　　　　　（　　）
3. 塔齿轮变速机构一般用于高速的变速场合。　　　　　　　　　　　　（　　）
4. 塔齿轮变速机构传动比成等差数列，倍增变速机构传动比成等比数列。（　　）
5. 机械有级变速机构的缺点是零件数目多、变速时有噪声。　　　　　　（　　）
6. 机械无级变速机构一般都不能保证准确的传动比。　　　　　　　　　（　　）
7. 无级变速机构与有级变速机构一样无过载保护功能。　　　　　　　　（　　）
8. 从动件旋转方向的改变，都是通过增减惰轮来实现的。　　　　　　　（　　）
9. 三星齿轮变向机构是通过增减惰轮的个数实现变向的。　　　　　　　（　　）
10. 滑移齿轮变向机构也可以起变速的作用。　　　　　　　　　　　　　（　　）

三、选择题

1. 当要求转速级数多，速度变化范围大时，一般选用_____机构。

　　A. 滑移齿轮变速　　　B. 塔齿轮变速　　　C. 拉键变速　　　D. 倍增变速

2. 滑移齿轮变速机构中，如每对齿轮都是由大齿轮带动小齿轮传动，则从动件得到的转速_____。

    A. 最高   B. 最低   C. 一般   D. 无法判断

3. 可实现无级变速的是_____。

    A. 链传动   B. 齿轮传动   C. 蜗杆传动   D. 摩擦轮传动

4. 滚子平盘式无级变速机构是通过改变平盘的_____来获得不同传动比。

    A. 接触角   B. 接触半径   C. 接触面积   D. 摩擦力大小

5. 下列关于无级变速特点叙述错误的是_____。

    A. 传动平稳，噪声小   B. 传递载荷小

    C. 变速可靠，传动比准确   D. 零件种类、数量较少

四、计算题

1. 分析如图 10-14 所示轮系，回答下列问题。

（1）写出轴 I 至齿条的传动链结构式。

（2）主轴有几种转速，蜗轮有几种转速？

（3）主轴的最高转速和最低转速为多少？

（4）图示啮合状态时，主轴每转 1 转，齿条移动距离是多少（小齿轮与蜗轮在同一根轴上，计算时圆周率取约值 3）？

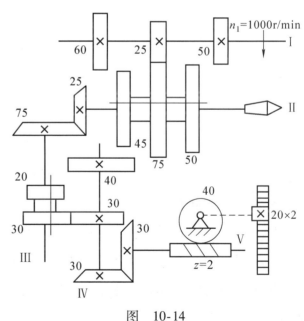

图 10-14

2. 分析如图 10-15 所示倍增变速机构，轴 I 为输入轴，回答下列问题。

（1）与轴固定的双联齿轮有几个？空套的双联齿轮有几个？

（2）输出轴可获得几种不同转速？

（3）写出轴 III 上齿数为 26 的滑移齿轮处于最左端和最右端与 II 轴上齿数是 52 的齿轮啮合时的传动链表达式。

（4）计算轴 III 上滑移齿轮处于最左端和最右端与 II 轴上齿数为 52 的齿轮啮合时轴 I 到轴 III 的传动比。

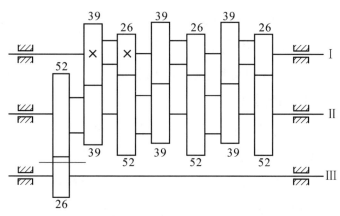

图 10-15

五、综合分析题

1. 如图 10-16 所示传动机构中，已知蜗杆 $z_1 = 4$（右旋），蜗轮 $z_2 = 30$，齿轮 3~8 的齿数分别是：$z_3 = 24$、$z_4 = 50$、$z_5 = 23$、$z_6 = 69$、$z_7 = 15$、$z_8 = 12$。齿轮 3 为滑移齿轮，与齿轮 4、5 分离时，手轮带动齿轮 7、6，使小齿轮 8 带动齿条 9 移动，实现手动进给。齿条 9 的模数 $m_9 = 3\text{mm}$。试回答下列问题。

（1）图示左侧点画线方框内是_____变速机构，常用于转速_____（填"高""不高"或"中等"），但需要有多种转速的场合。

（2）该机构因传动比容易实现_____（填"等差数列""等比数列"或"任意关系"），故常用于卧式车床进给箱中的_____机构，用以变更螺距。

（3）输入轴 I 上齿轮 a 从安装角度看，是_____（填"滑移齿轮""空套齿轮"

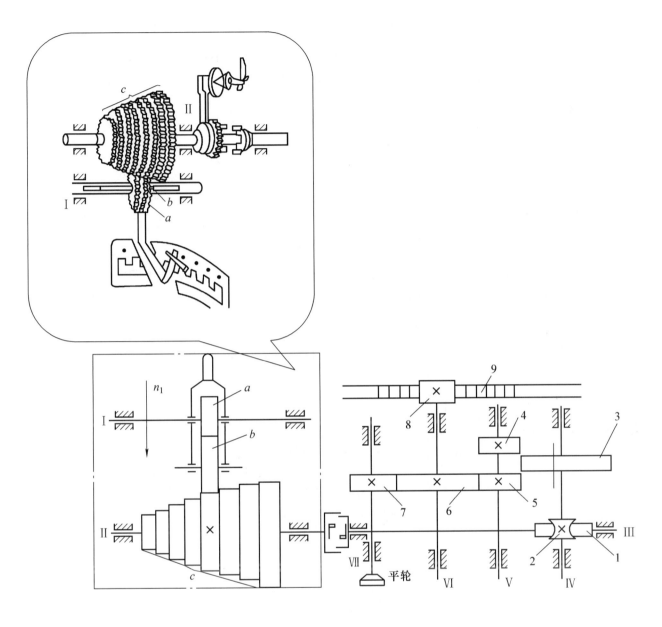

图 10-16

或"固定齿轮"）。该齿轮与轴采用＿＿＿＿＿＿＿＿（填"普通平键"或"导向平键"）实现周向固定。

（4）该传动系统中有＿＿＿＿＿＿（填"1"、"2"或"3"）个惰轮，其主要作用是＿＿＿＿＿＿。

（5）若输入轴 I 转速为 n_1，输出轴 VI 有＿＿＿＿＿＿种不同的转速。

（6）手轮转一周，齿条移动距离为＿＿＿＿＿＿ mm。

（7）蜗杆传动中，其几何参数及几何尺寸计算均以＿＿＿＿＿＿平面为准。在此平面内，蜗杆与蜗轮的啮合相当于＿＿＿＿＿＿的啮合。蜗轮常用＿＿＿＿＿＿等减摩材料制造。

（8）图示状态下，齿轮 3、4 啮合，齿条 9 的移动方向向＿＿＿＿＿＿。

（9）图中蜗轮2所受圆周力的方向向＿＿＿＿＿＿＿＿，轴向力的方向向＿＿＿＿＿＿＿＿。

（10）图中轴Ⅳ上齿轮3＿＿＿＿＿＿＿＿（填"可以"或"不可以"）制成斜齿轮。

2. 阅读如图10-17所示的变速机构原理简图，并回答问题。

（1）该机构的名称是＿＿＿＿＿＿＿＿＿＿变速机构，主要由＿＿＿＿＿＿、＿＿＿＿＿＿机构组合而成。

（2）螺杆7两段螺纹的旋向＿＿＿＿＿＿（填"相同"或"不同"）。

（3）采用该变速机构时，随着载荷性质的变化，会发生＿＿＿＿＿现象。

（4）如果输入转速不变，要使输出转速比图示状态下高，则 R_1 ＿＿＿＿＿＿（填"变大"或"变小"），R_2 ＿＿＿＿＿（填"变大"或"变小"）。

（5）设螺杆7的可见侧的转向为直线箭头向上，如要使输出转速比图示状态低，则螺杆7左边的螺纹为＿＿＿＿＿（填"左旋"或"右旋"），右边的螺纹为＿＿＿＿＿（填"左旋"或"右旋"）。

（6）如已知 $R_1 = 20\text{mm}$，$R_2 = 30\text{mm}$，构件5的转速为 200r/min，则构件8的转速为＿＿＿＿＿＿＿＿。

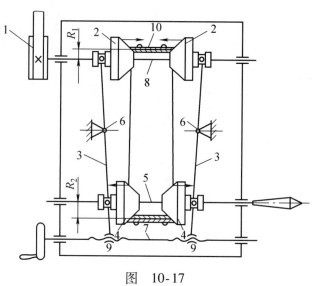

图 10-17

1—带轮　2、4—锥形轮　3—杠杆　5—从动轴　6—支架

7—螺杆　8—主动轴　9—螺母　10—传动带

第四篇 轴系零件

第十一章 轴系零件简介

第一节 键、销及其联接

一、填空题

1. 键联接主要是将轴与轴上零件结合在一起，实现_____固定并传递转矩。

2. 楔键工作面是_____，其上表面对下表面制成_____的斜度。

3. 楔键对中性_____，在冲击和变载荷作用下易_____，用于_____速，精度要求_____，承受_____轴向力的场合。

4. 切向键是由一对_____沿斜面拼合而成，其工作平面为_____表面。

5. 切向键联接对轴的强度削弱_____，且对中性_____，常用于轴径_____，精度要求_____和传动转矩较大的_____速场合。

6. 一对切向键只能传递单向_____，若需传递双向_____，可安装两对互成_____的切向键。

7. 松键联接有_____、_____、_____等几种，其工作表面是_____。

8. 应用最广的普通平键是_____型平键，用于轴端的是_____型平键。

9. 半圆键键槽对轴的强度_____，传递转矩_____，用于_____的联接。

10. 花键联接，轴上零件对中性_____，导向性_____，承载能力_____，但加工时需要使用_____设备，成本高。

11. 矩形花键有三种定心方式，分别是_____定心、_____定心、_____定心。其中_____定心，精度最高。

12. 三角形花键联接由于键齿细小，用于承载_____，轴径_____和_____零件与轴的联接。

13. 平键联接采用_____制配合，按配合松紧程度不同有_____联接、_____联接和_____联接三种形式。

14. 平键剖面尺寸 $b \times h$ 是根据_____，从国家标准中选定，键的长度应_____轮毂的宽度，并符合_____系列。

15. 键的标记为 GB/T 1096 键 $18 \times 11 \times 100$ 有效工作长度为_____ mm。

16. 键工作时承受_____和_____作用，进行强度校核时，一般只需校核_____强度。

17. 用于确定两零件相互位置的销称为_____销，用于传递动力和转矩的销称为_____销，用作安全装置中首先被切断零件的销称为_____销。

18. 圆锥销具有_____的锥度，自锁性_____，定位精度_____，_____经常拆卸。

19. 圆柱销是通过_____配合装在零件销孔中，_____经常拆卸。

二、判断题

1. 采用楔键联接时，轴槽底部也制成 1:100 的斜度。（   ）

2. 楔键通过上、下表面楔紧在轴与轴上零件之间，故可以承受变载荷和冲击载荷。（   ）

3. 切向键主要用于高速、重载及大转矩场合。（   ）

4. 切向键一般安装在轴的圆周切线位置。（   ）

5. 对中性差的紧键联接只适用于在低速情况下工作。（   ）

6. 机床变速箱中的轴与轴上齿轮一般都采用松键联接。（   ）

7. 平键与楔键一样，工作表面都是键的上、下表面。（   ）

8. 普通平键联接能够实现轴上零件的轴向固定和周向固定。（   ）

9. 轴的端部常采用普通 C 型平键。（   ）

10. 滑键一般用于轴上零件沿轴向移动距离较小的场合。（   ）

11. 使用导向平键，轴与轴上零件间可以相对轴向移动。（   ）

12. 半圆键是依靠键侧面传递转矩的。（   ）

13. 滑移齿轮与轴的联接主要采用普通平键的联接形式。（   ）

14. 矩形花键联接不论采用那种定心方式都是依靠齿侧来传递转矩的。（   ）

15. 渐开线花键的压力角一般为 20°。（   ）

16. 截面尺寸相同的平键，B 型平键有效工作长度最大。（   ）

17. 圆锥销与圆柱销都是靠过盈配合固定在销孔中。（   ）

三、选择题

1. 下列联接中，属于紧键联接的是_____。

   A. 平键   B. 半圆键   C. 楔键   D. 花键

2. 键联接分为紧键联接和松键联接的依据是键装配时的_____。

    A. 公差与配合情况   B. 精确程度   C. 难易程度   D. 松紧程度

3. 楔键联接对轴上零件能做周向固定，且_____。

    A. 不能承受轴向载荷   B. 能承受单向轴向载荷

    C. 能承受双向轴向载荷   D. 能承受冲击载荷

4. 上、下工作面相互平行的是_____。

    A. 平键   B. 半圆键   C. 楔键   D. 切向键

5. 一对切向键能承受_____。

    A. 单向轴向力   B. 双向轴向力   C. 单向转矩   D. 双向转矩

6. 结构简单、装拆方便、对中性好，广泛用于高速、高精密传动中的键联接是_____。

    A. 普通平键   B. 普通楔键   C. 切向键   D. 钩头楔键

7. 在轴的中部安装并周向固定轴上零件时，常用的普通平键是_____。

    A. A 型   B. B 型   C. C 型   D. A 型或 B 型

8. 锥形轴与轮毂的联接宜采用_____。

    A. 平键   B. 半圆键   C. 楔键   D. 切向键

9. 承载能力最低的键是_____。

    A. 平键   B. 半圆键   C. 楔键   D. 切向键

10. 渐开线花键通常采用_____定心。

    A. 大径   B. 小径   C. 外径   D. 齿侧

11. 关于三角形齿花键联接，下列说法中正确的是_____。

    A. 外齿形为渐开线，压力角为 45°   B. 外齿形为渐开线，压力角为 20°

    C. 内齿形为渐开线，压力角为 20°   D. 内齿形为渐开线，压力角为 45°

12. 键与轮毂槽之间一般采用_____配合。

    A. 基准制   B. 基轴制   C. 基孔制   D. 自由

13. 滑移齿轮与轴之间的联接应当选用_____。

    A. 松联接   B. 正常联接   C. 紧密联接   D. B 或 C

14. GB/T 1096 键 20×12×100 键宽尺寸为_____ mm。

    A. 100   B. 20   C. 12   D. 8

15. GB/T 1096 键 C18×11×100 有效工作长度是_____ mm。

    A. 100   B. 89   C. 82   D. 91

16. 当平键联接用于传递重载、冲击载荷或双向转矩的场合时，键与键槽的配合代号采用_____。

    A. H9/h8   B. N9/h8   C. Js9/h8   D. P9/h8

17. 导向平键与轴槽的配合代号是_____。

    A. Js9/h8　　　　　B. N9/h8　　　　　C. D10/h8　　　　　D. H9/h8

18. 普通平键非配合尺寸的公差，键高按_____取值。

    A. h11　　　　　　B. h14　　　　　　C. H11　　　　　　D. H14

19. 以下属于可拆卸式联接的是_____。

    A. 铆接　　　　　　B. 焊接　　　　　　C. 胶接　　　　　　D. 销联接

20. 被联接件之一较厚且经常拆卸时，宜采用的定位方式为_____。

    A. 圆柱销　　　　　B. 圆锥销　　　　　C. 内螺纹圆锥销　　　D. 内螺纹圆柱销

四、综合分析题

1. 图 11-1 所示为一键联接，轮毂宽度为 75mm，轴直径为 φ40mm，分析并回答下列问题。

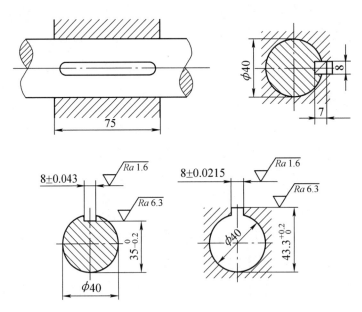

图　11-1

（1）图中应选普通_____（填"A""B"或"C"）型平键。

（2）图中键长是根据_____确定的，应选_____（填"70""75"或"80"）mm；键宽尺寸是_____mm，是根据_____尺寸确定的。

（3）键的工作表面是_____，其表面粗糙度值 Ra 为_____μm，与其相配合的轴槽和轮毂槽表面粗糙度值 Ra 为_____μm，轴槽和轮毂槽底面表面粗糙度值 Ra 为_____μm。

（4）图中轴槽的实际深度为_____mm，轮毂槽的实际深度为_____mm。

（5）键的标记为_____。

（6）键联接的公差带选择：键宽 b 选_____，键高 h 选_____，键长 l 选_____（填"h8""h11"或"h14"）。

（7）为便于装配和保证联接质量，轴槽与轮毂槽对轴线必须有_____（填"同轴度""对称度"或"垂直度"）要求。

2. 分析如图 11-2 所示花键联接，并回答下列问题。

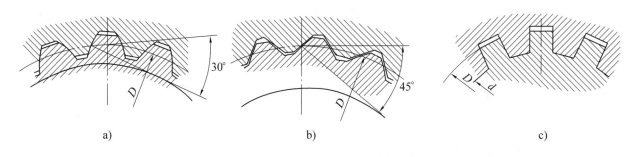

a)   b)   c)

图　11-2

（1）图 11-2a 所示的是_____花键联接，图 11-2b 所示的是_____花键联接，图 11-2c 所示的是_____花键联接。

（2）图 11-2c 所示的花键联接因为_____，所以应用广泛，其定心方式有_____、_____、_____三种，其中定心精度最高的是_____定心。

（3）图 11-2a 所示花键联接常用的定心方式是_____，因为具有_____的特点。

（4）图 11-2b 所示的花键联接中，内花键是_____齿形，外花键是_____齿形，此联接的特点是键齿_____，承载能力_____，常用于_____场合。

（5）基本尺寸相同的三种花键联接，承载能力最大的是_____花键联接，原因是_____。

3. 分析图 11-3 所示的销联接，图 11-3a 所示联接不承受载荷，图 11-3b 所示联接承受载荷，图 11-3c 所示联接中销制有一定缺口，并回答下列问题。

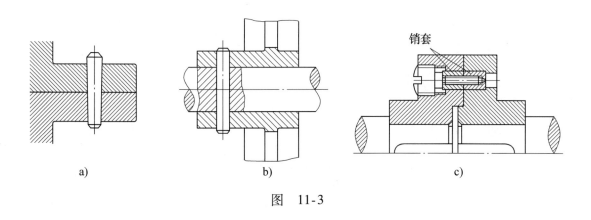

a)   b)   c)

图　11-3

（1）按作用分，图 11-3a 所示是_____销，图 11-3b 所示是_____销，图 11-3c 所示是_____销。

（2）图 11-3a 所示中的销具有_____的锥度，_____反复拆卸，_____（填"会"或"不会"）破坏其定位精度，使用中一般不少于_____个。

（3）图 11-3b 所示中的销从外形上看属于_____销，_____反复拆卸，否则会影响其定位精度，其销孔需经_____加工。

（4）图 11-3c 所示中的销_____（填"能"或"不能"）承受载荷。为保证过载时能起安全保护作用，其强度应_____（填"大小""小于"或"等于"）被联接件强度。

（5）为了方便装拆或对不通孔销联接，可采用_____销。

（6）销一般采用_____等材料制成。

第二节 滑动轴承

一、填空题

1. 机械装置中用于对相对运动中的运动件进行_____和（或）相对于其他零件进行_____的机械零件，称为轴承。

2. 按轴承与轴表面间摩擦性质不同，轴承可分为_____轴承和_____轴承两大类。

3. 滑动轴承按承受载荷的性质不同可分为_____轴承、_____轴承和_____轴承三大类。

4. 径向滑动轴承中，与支承轴颈相配的圆筒形整体零件称为_____，与支承轴颈相配的对开式零件称为_____。

5. 整体式滑动轴承主要由_____和_____两部分组成。

6. 整体式滑动轴承结构_____，成本_____，但磨损后无法调整轴与轴承间的_____，装配时需_____移动轴或轴承，主要用于_____场合。

7. 对于对开式滑动轴承，为防止轴承盖与轴承座横向错动或便于装配时对中，轴承盖与轴承座结合面制成_____形；为防止轴瓦在轴承座内轴向移动，轴瓦两端常带有_____；为防止轴瓦周向转动，常采用_____固定。

8. 为便于调整轴与轴承间间隙，常在对开式滑动轴承上、下轴瓦间垫入适量_____。

9. 自位滑动轴承将轴承外表面制成_____形状，使轴瓦可以绕其中心自动调整位置而适应轴线偏斜，常用于轴承宽径比_____，轴挠度_____，两轴承座孔_____误差较大的场合。

10. 可调间隙式滑动轴承有_____和_____两种，其中回转精度较高的是_____。

11. 铸铁、_____和_____等为轴瓦常用材料。

12. 轴承润滑的主要目的是减少_____，同时起_____作用。

13. 油脂润滑属于_____供油方式，一般用于_____的轴承；压力润滑属于_____供油方式，常用于_____的轴承。

二、判断题

1. 只能承受径向载荷的滑动轴承称为止推滑动轴承。 （ ）

2. 大部分滑动轴承属于液体摩擦滑动轴承。 （ ）

3. 滑动轴承是标准件，轴承内圈和轴之间采用基孔制配合，轴承外圈和座孔采用基轴制配合。 （ ）

4. 整体式滑动轴承磨损后只需更换轴套即可。　　　　　　　　　　　　（　　）

5. 整体式滑动轴承轴套是通过键联接实现其周向固定的。　　　　　　　（　　）

6. 对开式滑动轴承较整体式滑动轴承应用更广泛。　　　　　　　　　　（　　）

7. 对开式滑动轴承更换轴瓦时需沿轴向移动轴瓦或轴承座。　　　　　　（　　）

8. 轴瓦上的油槽应开成通槽。　　　　　　　　　　　　　　　　　　　（　　）

9. 轴瓦上的油槽不应开在承载部位。　　　　　　　　　　　　　　　　（　　）

10. 滑动轴承中，当长径比大于 1.5 时，可采用自位滑动轴承。　　　　（　　）

11. 自位滑动轴承内表面与轴颈是以球面形式接触的。　　　　　　　　（　　）

12. 可调间隙式滑动轴承的轴套锥度为 1:50。　　　　　　　　　　　　（　　）

13. 内柱外锥可调间隙式滑动轴承的轴套上应有一条开通的径向槽。　　（　　）

14. 飞溅润滑属于间歇供油式润滑方式。　　　　　　　　　　　　　　（　　）

15. 油环润滑轴颈的转速应控制在 100～300r/min 范围内。　　　　　　（　　）

16. 高速重载机械装置中的滑动轴承常采用油环润滑。　　　　　　　　（　　）

三、选择题

1. 绞车和手动起重机采用的滑动轴承是_____滑动轴承。

　　A. 整体式　　　　B. 对开式　　　　C. 自位　　　　　　D. 可调间隙式

2. 曲柄压力机曲柄中部轴颈处采用的滑动轴承的类型是_____。

　　A. 可调间隙式　B. 自位　　　　　C. 对开式　　　　　D. 整体式

3. 当轴的支点跨距较大或难以保证两轴承座孔同轴时，宜采用的滑动轴承类型是_____。

　　A. 对开式　　　　B. 自位　　　　　C. 整体式　　　　　D. 可调间隙式

4. 水平放置的对开式滑动轴承，油槽应开在_____。

　　A. 上半轴瓦　　　B. 下半轴瓦　　　C. 上、下轴瓦结合处　D. 任意位置

5. 用于中、高速，重载及冲击不大、负载稳定的重要轴承选用的轴瓦材料是_____。

　　A. 铸铁　　　　　B. 铜合金　　　　C. 轴承合金　　　　D. 尼龙

6. 一般用于中速、中重载及冲击条件下的轴承选用的轴瓦材料是_____。

　　A. 铸铁　　　　　B. 铜合金　　　　C. 轴承合金　　　　D. 尼龙

7. 高温重载工作条件下使用的润滑材料是_____。

　　A. 润滑脂　　　　B. 润滑油　　　　C. 固体润滑剂　　　D. A 和 C

8. 内燃机连杆轴承的润滑方式宜采用_____。

　　A. 滴油润滑　　　B. 飞溅润滑　　　C. 油环润滑　　　　D. 压力润滑

四、综合分析题

1. 分析如图 11-4 所示对开式滑动轴承，并回答下列问题。

（1）对开式滑动轴承由_____、_____、_____、_____及螺栓、

螺母等组成。

（2）上、下轴瓦两端制有凸缘的目的是防止轴瓦_____，用销或紧定螺钉将其固定在轴承座上的目的是防止轴瓦_____。

（3）轴瓦与支承轴颈的间隙主要是通过调整_____来实现的。

（4）上轴承盖与下轴承座常用材料是_____，上、下轴瓦常用的材料是_____，螺栓、螺母常用的材料是_____。

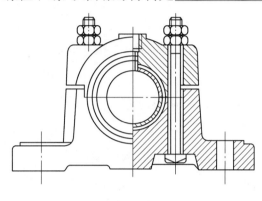

图　11-4

2. 分析如图 11-5 所示可调间隙式滑动轴承，并回答下列问题。

（1）图 11-5a 所示轴承的名称是_____式滑动轴承，图 11-5b 所示轴承的名称是_____式滑动轴承。

（2）图 11-5a 所示轴承中，调整螺母 1，使轴套 2 向右移动，轴套 2 与支承轴颈 3 的间隙将_____；图 11-5b 所示轴承中，调整螺母 1 使压套 4 向右移动，轴套 2 与支承轴颈 3 的间隙将_____。

（3）图 11-5b 中，轴套 2 的锥度是_____。

（4）两种类型，回转精度高的是_____，原因是_____。

（5）图 11-5c 中轴套径向槽开通的原因是_____。

（6）图 11-5c 轴套 2 与轴颈 3 的配合类型是_____配合。

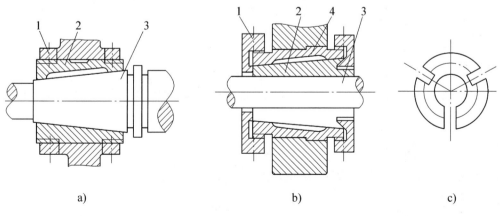

a)　　　　　　　　　　b)　　　　　　　　　　c)

图　11-5

第三节　滚动轴承

一、填空题

1. 滚动轴承是由＿＿＿＿＿＿、＿＿＿＿＿＿、＿＿＿＿＿＿和＿＿＿＿＿＿组成，其中，＿＿＿＿＿＿＿＿＿＿是由滚动轴承钢制造而成的。

2. 滚动轴承按承受载荷方向可分为＿＿＿＿＿＿＿＿和＿＿＿＿＿＿＿两大类。

3. 滚动轴承公称接触角 $\alpha = 0°$ 时，只能承受＿＿＿＿载荷；$\alpha = 90°$ 时，只能承受＿＿＿＿载荷。

4. 相同条件下，与滑动轴承相比，滚动轴承摩擦阻力＿＿＿＿，启动＿＿＿＿＿，传动效率＿＿＿＿，但承受冲击的能力＿＿＿＿＿，高速时振动和噪声大。

5. 我国滚动轴承代号由＿＿＿＿＿＿代号、＿＿＿＿＿＿代号和＿＿＿＿＿＿代号构成。

6. 现行国家标准中，滚动轴承共有＿＿种基本类型，长圆弧面滚子轴承（圆环轴承）的类型代号是＿＿＿＿＿。

7. 滚动轴承基本代号由＿＿＿＿＿＿、＿＿＿＿＿＿和＿＿＿＿＿＿组成。

8. 滚动轴承代号 6028 表示轴承类型为＿＿＿＿＿＿，内径尺寸为＿＿＿＿＿ mm。

9. 选择滚动轴承，回转精度高，转速高宜选用＿＿＿＿＿轴承，滚子轴承用于＿＿＿＿＿（填"高速"或"低速"）轴上。

10. 支点跨距大，刚性差的轴或难以保证两轴承座孔同轴度的滚动轴承应选用＿＿＿＿＿轴承，且必须＿＿＿＿＿使用。

11. 滚动轴承的精度等级共有＿＿级，代号分别是＿＿＿＿＿＿＿＿＿＿。

12. 滚动轴承的失效形式主要是＿＿＿＿＿＿和＿＿＿＿＿＿。

13. 滚动轴承内圈与轴颈配合应采用＿＿＿＿＿＿制，外圈与轴承座孔采用＿＿＿＿＿制。

二、判断题

1. 滚动轴承内、外圈需经调质处理，使表面硬度达到 60HRC 以上才能满足使用要求。（　　）

2. 保持架一般用低碳钢或非铁合金制造即可。（　　）

3. 滚动轴承内圈的作用与滑动轴承轴套的作用是一样的。（　　）

4. 轴承公称接触角越大，承受轴向载荷的能力也越大。（　　）

5. 球轴承承载能力及抗冲击能力均比滚子轴承高。（　　）

6. 轴径相同的滚动轴承比滑动轴承径向尺寸小，轴向尺寸大。（　　）

7. 滚动轴承是标准件。 （　　）

8. 滚动轴承共有 12 种基本类型。 （　　）

9. 选择滚动轴承时，只要告诉售货员轴承的类型，即可购买所需轴承。 （　　）

10. 轴向载荷较大或者纯轴向载荷的高速轴，宜选用角接触球轴承。 （　　）

11. 调心轴承价格较贵，只有在两轴跨距较大或轴承座孔同轴度误差较大的场合才使用。

（　　）

12. 只要能满足使用基本要求，应尽可能选择普通结构和普通精度等级的滚动轴承。

（　　）

13. 过盈量较大的滚动轴承采用压入法，过盈量较小的滚动轴承采用温差法装配。

（　　）

三、选择题

1. 不需要淬火处理的是滚动轴承的_____。

  A. 内圈　　　　　　　B. 外圈　　　　　　　C. 滚动体　　　　　D. 保持架

2. 圆锥滚子轴承承受轴向载荷的能力取决于_____。

  A. 轴承精度　　　B. 滚动体的大小　　C. 接触角大小　　　D. 锥角大小

3. 深沟球轴承属于_____。

  A. 向心轴承　　　　　　　B. 向心角接触轴承

  C. 推力角接触轴承　　　　D. 推力轴承

4. 轴承代号 7314 中 "3" 表示的是_____。

  A. 内径代号　　　B. 公差等级代号　　C. 类型代号　　　D. 尺寸系列代号

5. 一个圆锥滚子轴承内径是 90mm，其代号可能是_____。

  A. 71918　　　　　B. 31918　　　　　C. 71990　　　　　D. 31990

6. 30212/P5 中的 "P5" 表示轴承的_____。

  A. 内径代号　　　B. 公差等级代号　　C. 类型代号　　　D. 尺寸系列代号

7. 某直齿圆柱齿轮传动，转速高，工作平稳，应选用的轴承是_____。

  A. 圆锥滚子轴承　B. 推力球轴承　　　C. 深沟球轴承　　D. 角接触球轴承

8. 以承受径向载荷为主并承受一定轴向载荷，可选用的轴承是_____。

  A. 圆柱滚子轴承　B. 深沟球轴承　　　C. 推力球轴承　　D. 圆锥滚子轴承

9. 斜齿轮传动中，可选用的轴承是_____。

  A. 调心球轴承　　B. 深沟球轴承　　　C. 推力球轴承　　D. 角接触球轴承

10. 受纯轴向载荷的高速轴应选择的轴承代号是_____。

  A. 30000　　　　　B. 50000　　　　　C. 60000　　　　　D. 70000

11. 滚动轴承精度等级中，精度等级最高的是_____。

  A. /PN　　　　　　B. /P2　　　　　　C. /SP　　　　　　D. /UP

12. 滚动轴承精度等级中，精度等级最低的是_____。

    A. /PN   B. /P6   C. /P2   D. /UP

四、分析下列轴承代号的含义

1. 1312

2. 6012/P5

3. 30316

五、综合分析题

分析如图 11-6 所示滚动轴承，并回答下列问题。

（1）各序号零件名称为 1 _____，2 _____，3 _____，

4 _____。

（2）相同尺寸情况下，承载能力大的是图_____，极限转速高的是图_____。

（3）4 的作用是_____，常用材料是_____。

（4）1、2、3 常用材料是_____，并经_____处理达到较高的硬度。

（5）2 与轴的配合采用_____制，1 与轴承座孔配合采用_____制。

（6）滚动轴承最高精度等级是_____。

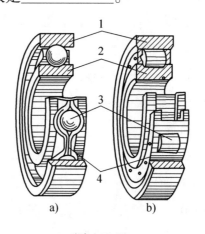

图 11-6

第四节 联轴器、离合器、制动器

一、填空题

1. 联轴器是用来连接_____或轴回转体并传递_____的机械装置。

2. 联轴器可分为_____、_____和_____三大类。

3. 根据对中方法不同，凸缘联轴器分为_____配合的联轴器和_____配合的联轴器。能直接做径向位移进行装拆的是_____配合的联轴器，其中对中精度高的是_____配合的联轴器。

4. 套筒联轴器公用套筒和轴之间常采用_____联接，装拆时一根轴需作_____移动，用于两轴直径_____，对中精度_____，工作平稳的场合。

5. 齿式联轴器转速_____，传递转矩_____，并能补偿_____位移，多用于_____机械中。

6. 对于滑块联轴器，当转速较高时会产生较大的_____，给轴和轴承带来附加动载荷，适用于_____场合。

7. 万向联轴器主要用于_____的传动。当主动轴回转一周，从动轴回转_____周，两轴的瞬时角速度_____。

8. 万向联轴器成对使用时，必须使中间连接轴两端面位于_____，且主、从动轴与中间连接轴的夹角_____。

9. 弹性套柱销联轴器属于_____的挠性联轴器，弹性柱销联轴器用于_____场合。

10. 离合器可根据工作需要在机器运转过程中随时将两轴_____或_____。

11. 离合器有_____离合器和_____离合器两大类。

12. 牙嵌离合器固定套筒一般固定在_____轴上，滑动套筒通过_____或_____与_____轴相联接。

13. 牙嵌离合器常见齿形有三角形、_____、_____和_____等几种，其中，传动中不会产生轴向力的是_____。

14. 要求在任何转速条件下都可接合或分离两根轴，可采用_____离合器。

15. 多片离合器片数越多，传递的转矩越_____。

16. 自控离合器是指当主动部分或从动部分_____时，接合元件具有自动结合和分离功能的离合器。

17. 同一轴上能实现两种互不相同的转速，应使用_____离合器。

18. 制动器在机器中的功用是使运动部件或运动机械_____、_____或保持停止状态。

19. 转矩较小的机构的制动一般采用_____制动器。

二、判断题

1. 用联轴器连接的两轴可以在运动中使它们分离。　　　　　　　　　　　　　（　　）

2. 凸缘联轴器不能补偿两轴间相对位移。　　　　　　　　　　　　　　　　　（　　）

3. 齿式联轴器可传递很大的转矩，并能补偿较大的综合位移。　　　　　　　　（　　）

4. 滑块联轴器属于弹性元件挠性联轴器。　　　　　　　　　　　　　　　　　（　　）

5. 滑块联轴器对轴和轴系零件会产生附加载荷。　　　　　　　　　　　　　　（　　）

6. 万向联轴器的角偏移越大，从动轴的角速度变化越大。　　　　　　　　　　（　　）

7. 万向联轴器属于有弹性元件的挠性联轴器。　　　　　　　　　　　　　　　（　　）

8. 弹性柱销联轴器对位移或偏移补偿量不大，多用于重型传动中。　　　　　　（　　）

9. 牙嵌离合器结合时有冲击，一般在低速或停止时结合。　　　　　　　　　　（　　）

10. 联轴器作过载安全保护装置时，当过载现象消除后其仍能正常工作。　　　（　　）

11. 片式离合器也能起过载保护作用。　　　　　　　　　　　　　　　　　　　（　　）

12. 自行车后轮与轴之间采用的是超越离合器。　　　　　　　　　　　　　　（　　）

13. 为了实现快速制动，制动器一般安装在机器的低速轴上。　　　　　　　　（　　）

14. 利用制动器的逐渐降速作用，可以实现机器的无级变速。　　　　　　　　（　　）

三、选择题

1. 以下对于凸缘联轴器的论述，不正确的是_____。

　　A. 对中性要求高　　　B. 缺乏综合位移补偿能力

　　C. 传递转矩小　　　　D. 结构简单，使用方便

2. 传递转矩较大，转速低，两轴对中性好，采用_____联轴器。

　　A. 凸缘　　　　B. 套筒　　　　C. 齿式　　　　D. 滑块

3. 下列各组联轴器中，均属于无弹性元件挠性联轴器的是_____组。

　　A. 齿式联轴器　万向联轴器　套筒联轴器

　　B. 凸缘联轴器　齿式联轴器　滑块联轴器

　　C. 弹性柱销联轴器　万向联轴器　滑块联轴器

　　D. 齿式联轴器　万向联轴器　滑块联轴器

4. 高速转动时，既能补偿两轴的偏移，又不会产生附加载荷的是_____联轴器。

　　A. 凸缘　　　　B. 套筒　　　　C. 齿式　　　　D. 滑块

5. 高速转动，能补偿两轴的偏移，会产生附加载荷的是_____联轴器。

　　A. 凸缘　　　　B. 齿式　　　　C. 滑块　　　　D. 弹性套柱销

6. 两轴轴线相交成40°角，应选用_____联轴器。

A. 弹性套柱销　　B. 齿式　　　　　C. 滑块　　　　　D. 万向

7. 适用于传递小转矩、高转速、起动频繁和回转方向需经常改变的机械设备中的联轴器是_____联轴器。

A. 凸缘　　　　　B. 齿式　　　　　C. 滑块　　　　　D. 弹性套柱销

8. 要求机器在运转中分离或结合，且连接的两轴能保证准确传动比，应选用_____。

A. 片式离合器　　B. 牙嵌离合器　　C. 凸缘联轴器　　D. 齿式联轴器

9. 以下能使从动轴得到无冲击、振动的运转，过载时又能起安全保护作用且随时都能结合或分离的是_____。

A. 牙嵌离合器　　B. 片式离合器　　C. 超越离合器　　D. 联轴器

10. 牙嵌离合器的侧齿齿形中，齿的强度高且能补偿磨损间隙的齿形是_____。

A. 三角形　　　　B. 锯齿形　　　　C. 梯形　　　　　D. 矩形

11. 超越离合器属于_____。

A. 操纵离合器　　B. 机械离合器　　C. 自控离合器　　D. 离心离合器

12. 车床主轴箱中，制动器应装在_____。

A. 高速轴　　　　B. 中间变速轴　　C. 低速轴　　　　D. 其他轴

四、综合分析题

1. 分析图 11-7 所示机床变速机构，并回答下列问题。

（1）各职能符号的名称是：M_1 _____，M_2 _____，M_3 _____。

（2）带轮轴与电动机轴_____（填"能"或"不能"）在运动中随意分离或结合。

（3）M_2 左半部分与轴Ⅰ间是通过_____或_____联接的。

（4）M_3 _____（填"能"或"不能"）在运动中随意分离或结合轴与轴上齿轮。

（5）该机构_____（填"有"或"无"）过载保护功能，_____（填"能"或"不能"）保证准确传动比。轴Ⅱ能获得_____种转速。

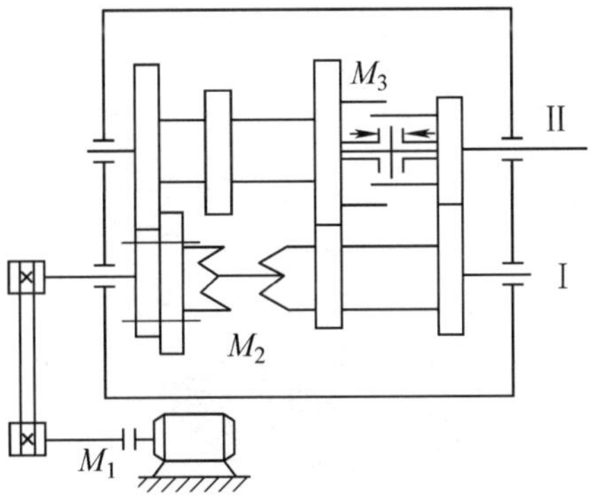

图　11-7

2. 分析图 11-8 所示超越离合器，并回答问题。

（1）图示为_____（填"单向"或"双向"）超越离合器，此离合器属于_____

（填"操纵"或"自控"）离合器。

（2）该离合器可使件_____实现_____种不同转速。

（3）件 1 通过_____与轴联接，当件 3 做慢速顺时针方向转动时，件 2 在_____力作用下_____（填"楔紧"或"松开"）件 1 与件 3 之间，件 3 通过件____带动件 1 使轴 5 以_____（填"相同"或"不同"）的转速顺时针方向回转。

（4）件 4 在_____驱动下，无论朝哪个方向快速回转，都能通过件____带动件____快速回转，而件____仍维持原来的转速回转。

（5）此离合器只能件____超越件____。

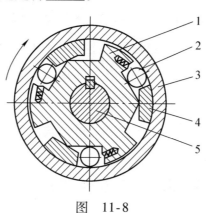

图 11-8

3. 图 11-9 所示为某制动机构，1、2 为制动蹄，3、4 为销轴，5 为轮毂，6 为制动缸，7 为弹簧，试分析并回答下列问题。

（1）分析可知，该制动器名称为_____制动器。

（2）由图可知，件 1、件 2 分别通过件_____与机架铰接，件 1、件 2 表面装有_____以增大制动摩擦力。

（3）制动时，制动缸 6 产生的推力需克服件 7 的_____，使件_____压紧在件_____从而使_____制动。

（4）该制动器属于_____（填"常闭"或"常开"）式，广泛用于各种车辆的制动。

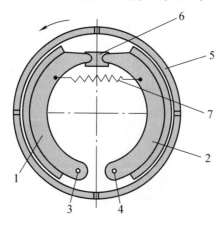

图 11-9

第五节 轴

一、填空题

1. 按几何形状不同，轴有_____、_____和_____三种。

2. 单缸内燃机中采用了_____轴，实现将活塞往复运动转变成飞轮的回转运动，其工作实质是采用了_____机构。

3. 按所受载荷性质不同，轴又有_____、_____和_____三类。

4. 轴常用的材料有_____、_____、球墨铸铁等。一般重要的轴采用_____材料，高温高速条件下工作的重要轴采用_____材料，内燃机曲轴采用_____材料。

5. 支承轴颈是与轴上_____相配合的部位，其直径不仅要符合_____，还需要符合_____。配合轴颈是_____的部分。

6. 轴最小直径除按强度计算确定外，还可以按_____的方法来确定。

7. 对于低速轴轴径尺寸估算的依据是互相啮合齿轮副的_____，估算后的轴径，应圆整为_____的尺寸值。

8. 轴的结构应满足三个方面要求，即安装在轴上的零件应_____，轴的结构应便于加工，尽量减少_____，轴上的零件应便于_____。

9. 轴上零件轴向固定的目的是_____。

10. 轴肩或轴环是一种最常见的_____固定方法，它具有结构简单、_____可靠和能够承受较大的_____等特点。

11. 轴套又称衬套，一般用于两零件间距_____场合，靠_____进行轴向定位。

12. 用轴端挡圈、轴套或圆螺母做零件轴向固定时，安装的零件轮毂长度应_____安装零件的轴段长度，其目的是保证轴上零件_____。

13. 轴上零件周向固定的目的是_____，常用方法有_____、_____和销联接等。

14. 为便于轴上零件的装拆，台阶轴的直径应_____，轴端应制出_____。

15. 在轴上切制螺纹时，应设置_____槽；轴表面需要磨削时，应设置_____槽。

16. 当轴上装有质量较大的零件或与轴颈过盈配合的零件，其装入端应加工出圆锥角为_____导向锥面。

17. 轴设计成阶梯结构的原因是_____和_____。

二、判断题

1. 光轴加工方便，因此在生产中应用最为广泛。 （　）
2. 心轴在实际应用中都是固定不动的，如支承滑轮的轴。 （　）
3. 自行车前后轮轴都是心轴。 （　）
4. 转轴不仅承受弯曲作用还承受扭转作用。 （　）
5. 碳素钢比合金钢应力集中敏感性低。 （　）
6. 轴上重要的表面主要是指轴身表面。 （　）
7. 轴的各部分直径都应按标准直径系列进行圆整。 （　）
8. 轴套、圆螺母都适用于高速轴上零件的轴向固定。 （　）
9. 轴肩或轴环过渡圆角半径应小于轴上零件内孔倒角的高度。 （　）
10. 滑移齿轮在轴上也要做轴向固定。 （　）
11. 楔键可以实现轴上零件周向固定，同时还能承受一定单方向轴向力。 （　）
12. 过盈配合实现周向固定的主要缺点是不宜多次装拆。 （　）
13. 无论是配合轴颈还是支承轴颈处都有键槽。 （　）
14. 轴端设置倒角的主要原因是为了减小应力集中。 （　）
15. 一根轴上不同部位的键槽尺寸规格应尽可能一致，且排布在同一素线方向上。（　）
16. 为了方便轴的加工和保证轴的精度，必要时可设置中心孔。 （　）

三、选择题

1. 后轮驱动的汽车，其前轮轮轴是_____。

　　A. 心轴　　　　　　B. 转轴　　　　　　C. 传动轴　　　　　　D. 转动轴

2. 轴常用 45 钢材料制造，为提高其综合力学性能，常采用的热处理是_____。

　　A. 退火　　　　　　B. 回火　　　　　　C. 淬火　　　　　　D. 调质

3. 通过强度计算或经验式估算的轴径是轴上的_____直径。

　　A. 最大　　　　　　B. 最小　　　　　　C. 平均　　　　　　D. 中间

4. 能减少轴径变化，简化轴结构，保证轴强度，承受较大的轴向力的轴向定位方法是_____。

　　A. 轴肩（或轴环）　B. 圆螺母　　　　　C. 轴套　　　　　　D. 轴端挡圈

5. 阶梯轴中间部位装一轮毂，工作中承受较大的双向轴向力，对该轮毂应采用的轴向定位方式是_____。

　　A. 紧定螺钉　　　　B. 轴肩与圆螺母　　C. 轴肩与轴套　　　D. 轴端挡圈

6. 轴上零件用圆螺母固定时，轴上螺纹的大径与安装零件的孔径的关系是_____。

　　A. 相等　　　　　　B. 小于　　　　　　C. 大于　　　　　　D. 小于或等于

7. 结构简单，定位可靠，能承受较大轴向力的常用轴向定位方式是_____。

　　A. 轴肩（或轴环）　B. 轴套　　　　　　C. 圆螺母　　　　　D. 轴端挡圈

146

8. 以下能对轴上零件做周向固定的是_____。

    A. 轴肩（或轴环）   B. 轴套   C. 圆螺母   D. 平键

9. 对中性要求高、承受较大振动和冲击载荷的场合可采用的周向固定方式是_____。

    A. 键联接   B. 销联接

    C. 过盈配合   D. 键联接和过盈配合组合

10. 同时具有轴向固定和周向固定作用的是_____。

    A. 轴肩或轴环   B. 圆螺母   C. 圆锥销或紧定螺钉   D. 楔键或花键

11. 轴上自由表面的轴肩过渡圆角不受装配的限制，可取_____。

    A. $r = 0.2d$ B. $r = 0.15d$ C. $r = 0.1d$ D. $r = 0.05d$

12. 轴肩或轴环处设置过渡圆角的目的是_____。

    A. 方便加工   B. 方便装配   C. 便于轴上零件轴向固定   D. 减小应力集中

13. 轴端设置倒角的目的是_____。

    A. 方便加工   B. 方便装配   C. 便于轴上零件轴向固定   D. 减小应力集中

14. 轴上加工螺纹时，退刀槽的直径应_____螺纹小径。

    A. 等于   B. 小于   C. 大于   D. 无法确定

15. 轴上多个轴段的键槽处于同一周向位置的主要目的是_____。

    A. 方便加工   B. 方便装配   C. 便于轴上零件周向固定   D. 减小应力集中

四、综合分析题

1. 分析图 11-10 所示的电瓶车传动示意图，并回答下列问题。

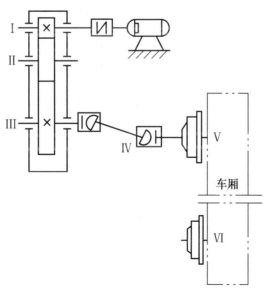

图 11-10

（1）轴 I 为_____轴，轴 II 为_____轴，轴 III 为_____轴，轴 IV 为_____轴，轴 V 为_____轴，轴 VI 为_____（填"心轴""转轴"或"传动

轴”）。

（2）轴 Ⅰ 承受＿＿＿＿＿＿＿＿＿＿作用，轴 Ⅱ 承受＿＿＿＿＿＿＿＿＿＿作用，轴 Ⅳ 承受＿＿＿＿＿＿

作用。

（3）电动机与轴 Ⅰ 间采用＿＿＿＿＿＿＿＿＿＿联接，轴 Ⅲ 与轴 Ⅳ 采用＿＿＿＿＿＿＿＿＿＿＿＿联接。

（4）该传动机构＿＿＿＿＿＿＿＿惰轮，＿＿＿＿＿＿＿＿＿（填"有"或"无"）过载保护功能。

2．某减速器传动轴的结构简图如图 11-11 所示，图中存在错误和不合理的地方，分析该图，回答下列问题。

（1）该轴的材料选用 45 钢时，为获得较好的综合力学性能，应进行＿＿＿＿＿＿＿＿热处理。

（2）轴段②左侧零件的拆卸顺序是＿＿＿＿＿＿＿＿＿＿＿＿＿＿＿＿＿＿＿＿＿＿＿（按先后顺序依次填写元件的序号）。

（3）元件 8 采用了＿＿＿＿＿＿＿＿＿＿和＿＿＿＿＿＿＿＿＿＿实现轴向固定。

（4）图中两处采用键连接实现轴上零件的周向固定，其周向结构设计不合理的原因是＿＿＿＿＿＿＿＿＿＿＿＿＿＿＿＿＿＿＿。

（5）轴段④处，槽的名称是＿＿＿＿＿＿＿＿＿＿，其作用是＿＿＿＿＿＿＿＿＿＿＿＿＿＿＿＿。

（6）元件 2 的轴向固定采用双螺母，可起到＿＿＿＿＿＿＿＿＿＿（填"机械"或"摩擦力"）防松的效果。此处螺纹一般采用＿＿＿＿＿＿＿＿＿＿＿（填"粗牙"或"细牙"）螺纹。

（7）元件 6 的尺寸设计不合理之处是＿＿＿＿＿＿＿＿＿＿＿＿＿＿＿＿＿＿＿＿＿。

（8）轴段①的长度过长，最不利于元件＿＿＿＿＿＿＿＿＿＿（填元件序号）的装拆。

（9）轴段①处，键的长度应略小于元件 2 的轮毂＿＿＿＿＿＿＿＿＿＿＿＿＿＿＿＿。

（10）若元件 7 为直齿圆柱齿轮，元件 8 的尺寸系列代号为（0）2，内孔直径为 40mm 时，则元件 8 的基本代号为＿＿＿＿＿＿＿＿＿＿＿＿＿＿＿＿＿＿。

（11）元件 4 与箱体间安装调整垫片的目的是调整轴承的＿＿＿＿＿＿＿＿＿＿＿＿＿＿。

（12）通过轴和轴上零件的分析，通常可判断该轴为减速器的＿＿＿＿＿＿＿＿＿＿（填"输入"或"输出"）轴。

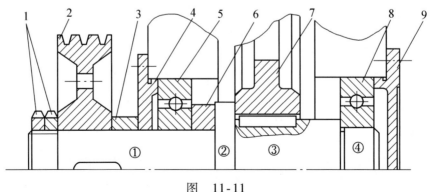

图　11-11

3．图 11-12 所示为某锥齿轮—斜齿轮传动轴的结构简图，图中存在一些结构错误和不合理之处。试回答下列问题。

（1）按照轴的外形分类，该轴属于_____轴。

（2）件2与箱体外壁间应有调整垫片，其目的是调整件_____（填元件序号）的游隙。

（3）件3的类型代号为_____，它适用于_____（填"高速"或"低速"）的场合。

（4）件3与轴段F采用的配合制度是_____。由于轴段F_____，故不利于件3的装拆。

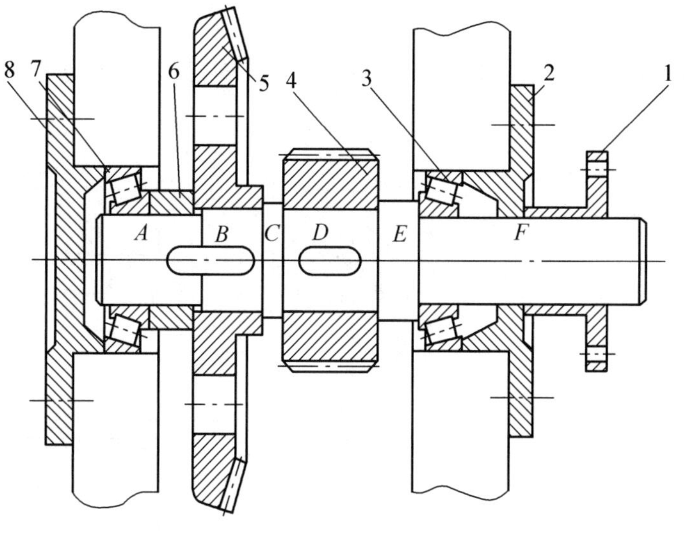

图 11-12

（5）件4和件5中存在装拆困难的是件_____（填元件序号）。

（6）件4采用_____实现周向固定，其松紧不同的配合是依靠改变轴槽和轮毂槽的公差带的_____（填"大小"或"位置"）来获得的。

（7）件5是通过件_____（填元件序号）和_____实现轴向固定的。

（8）轴上两键槽周向位置设计_____（填"合理"或"不合理"）。左边键槽设计不合理之处为键槽_____。

（9）若件5的内孔直径为60mm，则轴段A的直径宜为_____（填"60"或"58"或"55"）mm。

（10）件1通过件2实现轴向定位的方法_____（填"合理"或"不合理"）。

4. 图11-13所示为某减速器传动轴的结构简图，图中存在错误和不合理之处，试回答下列问题。

（1）根据所受载荷的不同，该轴属于_____（填"心轴""转轴"或"传动轴"）。

（2）件1为直齿_____齿轮。这类齿轮传动的正确啮合条件是_____相等，且_____相等。

（3）若轴承代号为31310，则轴承的公称内径是_____mm，轴承类型为_____。

（4）件2安装处，轴的结构设计_____（填"合理"或"不合理"）。

（5）件3通过_____和_____实现轴向固定。

（6）轴上键槽设计是不合理的，因为不便于_____（填"加工""装拆"或"固定"）。

（7）为了使件1与右侧轴环端面紧密贴合、定位牢靠，应保证轴环高度h、轴环过渡圆角半径r和件1轮毂孔口倒角尺寸C之间的关系满足不等式_____。

（8）件4与轴之间应存在_____，以避免工作时产生摩擦与磨损。

149

（9）件 5 通过_____型平键联接实现周向固定。平键的工作面为_____（填"两侧面"或"上、下表面"），其剖面尺寸主要根据_____来选择。

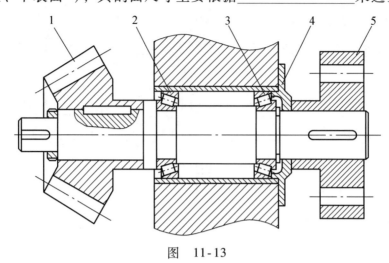

图　11-13

5. 图 11-14a 所示为某单级斜齿轮减速器传动示意图，图 11-14b 所示为输出轴 Ⅱ 的结构图，分析并回答下列问题。

（1）根据轴线形状分，该轴属_____。

（2）该轴外形两端小、中间大，目的是便于_____。

（3）轴上安装齿轮的部位设置了键联接，若采用的键标记为：GB/T 1096 键 $16 \times 10 \times 100$，则键的尺寸 16 是根据_____从规定的标准中选定，其有效工作长度为_____。

（4）图中轴承的类型代号为_____，若轴承的内径为 35mm，则其内径代号为_____。

（5）轴上齿轮的宽度应_____（填"大于""小于"或"等于"）对应的轴段长度，目的是为了便于轴上齿轮的_____可靠。

（6）若安装齿轮的轴段直径为 50mm，则其左侧的轴段直径可取_____（填"48mm""46mm"或"45mm"）。

（7）斜齿轮是通过_____和_____实现轴向固定的。

（8）图 11-14b 中轴受到的轴向力方向向_____。

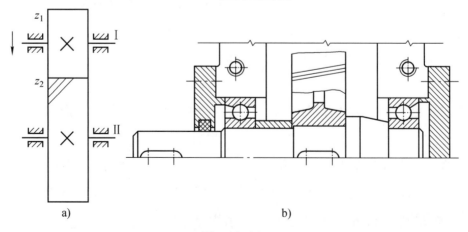

图　11-14

第五篇　液压与气压传动

第十二章　液压传动的基本概念

第一节　液压传动原理及其系统组成

一、填空题

1. 油液的最主要特性是_____和_____。

2. 液压传动传动比_____（填"准确"或"不准确"），对油液温度变化_____（填"敏感"或"不敏感"）。

3. 下列元件属于液压系统哪一部分：油箱是_____元件，液压马达是_____元件，控制阀是_____元件，液压缸是_____元件，液压泵是_____元件，压力表是_____元件，过滤器是_____元件。

4. 液压传动工作原理是利用密封容积内_____来传递动力，利用_____来传递运动，从而输出机械能的一种传动装置。

二、判断题

1. 液压传动能实现无级变速。　　　　　　　　　　　　　　　　　　　　（　　）

2. 油液的温度越高，黏度越大。　　　　　　　　　　　　　　　　　　　（　　）

3. 液压传动因为能自行润滑，所以效率较高。　　　　　　　　　　　　　（　　）

4. 液压传动传动平稳，易于实现频繁换向，但承载能力小。　　　　　　　（　　）

5. 液压马达图形符号与液压泵相似，也是动力元件。　　　　　　　　　　（　　）

6. 液压传动会产生噪声，容易引起振动和爬行现象。　　　　　　　　　　（　　）

7. 液压传动是机器的传动方式之一，其他传动方式还有机械传动、气压传动和电气传动。

　　　　　　　　　　　　　　　　　　　　　　　　　　　　　　　　　　（　　）

三、选择题

1. 不具有安全保护作用的是_____。

　A. 液压传动　　　　　　B. 端面盘式无级变速机构

C. 齿轮传动 　　　　　D. 摩擦离合器

2. 下列不能实现能量转化的元件是_____。

A. 油箱　　　　　B. 液压马达　　　　　C. 液压泵　　　　　D. 液压缸

3. 评定油液最重要的基本特征是_____。

A. 压力　　　　　B. 黏度　　　　　C. 湿度　　　　　D. 温度

4. 能将原动机的机械能转化成油液的压力能的是_____。

A. 液压泵　　　　　B. 液压缸　　　　　C. 单向阀　　　　　D. 液压阀

四、综合分析题

分析图 12-1 所示的液压千斤顶示意图，并回答下列问题。

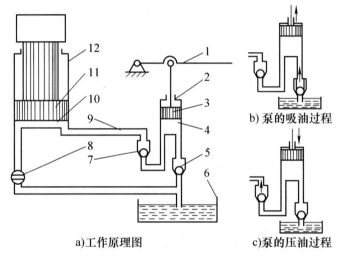

图　12-1

1—杠杆手柄　2—泵体　3、11—活塞　4、10—油腔　5、7—单向阀

6—油箱　8—放油阀　9—油管　12—缸体

（1）泵吸油过程中，阀 7 处于_____状态；泵压油过程中，阀 7 处于_____状态。

（2）元件_____属于动力元件，动力元件的作用是_____。

（3）元件_____属于执行元件，执行元件的作用是_____。

（4）元件_____属于控制元件，控制元件的作用是_____。

（5）元件_____属于辅助元件，辅助元件的作用是_____。

第二节　液压传动系统的流量和压力

一、填空题

1. 液压传动的两大基本原理是_____和_____。

2. 描述油液流动的两个主要参数是_____和_____。

3. 液压传动的两个主要参数是_____和_____。

4. 液压传动速度取决于_____，压力取决于_____。

5. $1\text{L/min} = $_____$\text{m}^3/\text{s}$，$1\text{m}^3/\text{s} = $_____$\text{L/min}$。

    $1\text{m/min} = $_____$\text{m/s}$，$1\text{m/s} = $_____$\text{m/min}$。

    $1\text{MPa} = $_____$\text{Pa}$，$1\text{kN} = $_____$\text{N}$。

6. 油液在管路中流动，管径细的地方平均流速_____，管径粗的地方平均流速_____。

7. 图 12-2 所示为三种形式的液压缸，活塞和活塞杆直径分别为 D、d，如进入液压缸的流量为 q，压力为 p，若不计压力损失和泄漏，图 12-2a 所示液压缸（活塞）的运动方向_____，负载方向_____，运动速度_____，负载_____；图 12-2b 所示液压缸（活塞）的运动方向_____，负载方向_____，运动速度_____，负载_____；图 12-2c 所示液压缸（活塞）的运动方向_____，负载方向_____，运动速度_____，负载_____。

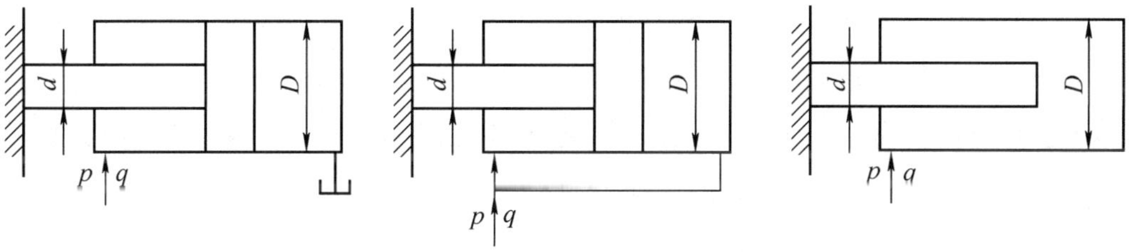

a)　　　　　　　　　　b)　　　　　　　　　　c)

图　12-2

二、判断题

1. 作用在液压缸上的液压推力越大，活塞的运动速度越快。（　　）

2. 液压系统中压力的大小取决于油液流量的大小。（　　）

3. 液压系统中某处有几个负载并联时，压力的大小取决于克服负载的各个压力值中的压力之和。（　　）

4. 如图 12-3 所示，甲、乙两人用大小相等的力分别从两端去推原来静止的光滑活塞，那

么两活塞将向左运动。　　　　　　　　　　　　　　　　　　　　　　　（　　）

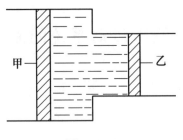

图　12-3

5. 由于油液与管壁或液压缸壁、油液内部之间的摩擦力大小不同，因此油液流动时，在管路和液压缸的横截面上各点的速度不相等。　　　　　　　　　　　　　（　　）

6. 由于作用面积不相等，活塞（或液压缸）的运动速度与液压缸左腔、右腔油液的平均流速都不相等。　　　　　　　　　　　　　　　　　　　　　　　　　　（　　）

7. 理想液体在无分支管路中做稳定流动时，通过每一截面的流量相等，这称为液流连续性原理。　　　　　　　　　　　　　　　　　　　　　　　　　　　　　（　　）

8. 密封容积内，油液的静压力方向总是垂直指向承压表面。　　　　　　　（　　）

9. 压力的建立是从无到有、从小到大，迅速建立的。　　　　　　　　　（　　）

三、选择题

1. 液压缸的大小活塞直径之比为100∶1，小活塞的工作行程为200mm，如果大活塞要上升2mm，则小活塞要工作的次数是_____次。

A. 1　　　　B. 0.5　　　　C. 10　　　　D. 100

2. 如图12-4所示液压缸，A_1、A_2及活塞运动速度均已知，所受负载为F，下列判断正确的是_____。

A. 进入液压缸的流量q_{v1}与排出的流量q_{v2}相等

B. 两腔液体的平均流速$\overline{v}_1$、$\overline{v}_2$与活塞运动速度v的关系是相等

C. 若进出油管的有效直径d相同，则进油管与回油管中的油液的平均流速相等

D. 左、右两腔油液的压力相等，即$p_1 = p_2$

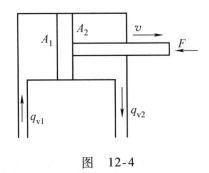

图　12-4

3. 当液压缸一定时，系统的流量增大，活塞的运动速度_____。

A. 变快　　　　B. 变慢　　　　C. 没有变化　　　　D. 无法确定

4. 公称压力为 6.3MPa 的液压泵，其出口接油箱，则液压泵的工作压力为_____。

A. 6.3MPa   B. 0   C. 6.2MPa   D. 1MPa

5. 如图 12-5 所示，$A > A_1 > A_2$，且 $G > P$，则腔内 1、2 和 3 处的压力关系是_____。

A. $p_1 < p_2 < p_3$ B. $p_1 < p_2 = p_3$ C. $p_1 = p_2 = p_3$ D. $p_1 > p_2 > p_3$

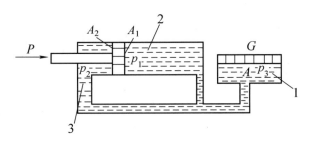

图 12-5

6. 如图 12-6 所示，两液压缸用板隔断，直径 $D_1 = 0.1m$ 的小活塞上放置 100N 的物体 G_1，直径 $D_2 = 10m$ 的大活塞上放置 10000N 的物体 G_2，抽掉隔板，则_____。

A. G_1、G_2 均静止不动   B. G_1 下降、G_2 上升

C. G_1 上升、G_2 下降   D. G_1、G_2 均下降

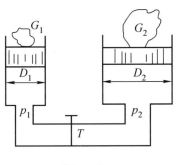

图 12-6

7. 水压机的大活塞上所受的力是小活塞受力的 100 倍，则小活塞对水的压力与通过水传递给大活塞的压力比是_____。

A. 1:100   B. 100:1   C. 1:1   D. 50:1

8. 如图 12-7 所示的液压缸，若活塞与活塞杆的面积之比为 2:1，则进油量 q_{v1} 与回油量 q_{v2} 的关系是_____。

A. $q_{v1} = 2q_{v2}$ B. $2q_{v1} = q_{v2}$ C. $q_{v1} = q_{v2}$ D. $q_{v1} = 4q_{v2}$

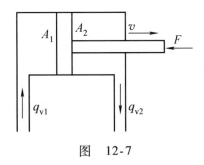

图 12-7

四、计算题

1. 看图 12-8，试回答下列问题。

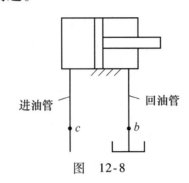

图 12-8

（1）b 点与 c 点的流量_____（填"相等"或"不相等"）。

（2）c 点与左腔的流量_____（填"相等"或"不相等"）。

（3）b 点与右腔的流量_____（填"相等"或"不相等"）。

（4）左腔与右腔的流量_____（填"相等"或"不相等"）。

（5）若活塞的直径为 50mm，活塞杆的直径为 20mm，则无杆腔的有效作用面积为_____ mm^2，有杆腔的有效作用面积为_____ mm^2，活塞杆的横截面积为_____ mm^2。

（6）b 点与 c 点的平均流速_____（填"相等"或"不相等"）。

（7）c 点与左腔的平均流速_____（填"相等"或"不相等"）。

（8）b 点与右腔的平均流速_____（填"相等"或"不相等"）。

（9）左腔与右腔的平均流速_____（填"相等"或"不相等"）。

（10）6L/min = _____ m^3/s = _____ m^3/min；0.2m/min = _____ m/s。

（11）进油管的输入流量为 60L/min，进油管和回油管的横截面积为 0.004m^2，无杆腔的有效作用面积为 0.1m^2，有杆腔的有效作用面积为 0.05m^2，则活塞的运动速度为_____ m/min，进油管的平均速度为_____ m/min，液压缸右腔的流量为_____ L/min，回油管的平均速度为_____ m/min。

2. 如图 12-9 所示，缸体固定，活塞运动，固定油管 1 的横截面积为 0.001m^2，油液的平均流速为 0.01m/s，负载 $F = 10kN$，液压缸左腔有效作用面积 $A_1 = 0.01m^2$，右腔有效作用面积 $A_2 = 0.006m^2$，活塞杆横截面积 $A_3 = 0.004m^2$，试求：

（1）油管 1 的平均流速与液压缸左腔的平均流速是否相等，为什么？

（2）液压缸左腔的平均流速与右腔的平均流速是否相等，为什么？

（3）液压缸左腔的流量。

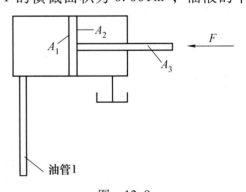

图 12-9

（4）活塞的运动速度。

（5）液压缸右腔的流量。

（6）液压缸左腔的压力。

（7）液压缸右腔的压力。

（8）油管 1 内的压力。

3. 如图 12-10 所示，$F = 294N$，大、小活塞的有效作用面积分别为 $A_1 = 1 \times 10^{-3} m^2$，$A_2 = 5 \times 10^{-3} m^2$，求：

（1）作用在小活塞上的力为多少？此时系统压力为多少？

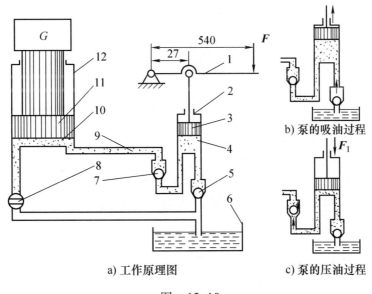

a) 工作原理图   c) 泵的压油过程

图　12-10

1—杠杆手柄　2—泵体　3、11—活塞　4、10—油腔　5、7—单向阀　6—油箱　8—放油阀　9—油管　12—缸体

（2）相应大活塞能顶起多重的重物 G？

（3）大、小活塞运动速度哪个快？快多少倍？

（4）若需顶起重物 $G = 19600\text{N}$，系统压力又为多少？作用在小活塞的力应为多少？

4. 如图 12-11 所示，溢流阀弹簧力负载与活塞杆阻力负载 F 并联，压力油顶开溢流阀溢流回油箱的压力为 $23.52 \times 10^5 \text{Pa}$，液压泵输出的额定流量为 $4.17 \times 10^{-4} \text{m}^3/\text{s}$，液压缸无杆腔活塞有效面积为 $A = 5 \times 10^{-3} \text{m}^2$，若不计损失，试确定下列四种情况下，液压泵的输出压力 p 及活塞运动速度 v 各为多少。

（1）当阻力负载 $F = 9800\text{N}$ 时。

（2）$F = 10700\text{N}$ 时。

（3）$F = 0\text{N}$ 时。

（4）$F = 11760\text{N}$ 时，假定此时经溢流阀流走 $Q_{溢} = 0.833 \times 10^{-4} \text{m}^3/\text{s}$ 的油液回油箱。当活塞杆运动到被挡铁挡住后，求液压泵的压力 p。

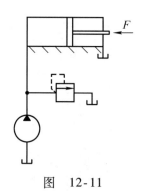

图 12-11

5. 如图 12-12 所示，两串联双出杆活塞式液压缸的有效作用面积 $A_1 = 10 \times 10^{-3} \mathrm{m}^2$，$A_2 = 5 \times 10^{-3} \mathrm{m}^2$，液压泵的额定流量 $q_{v额} = 0.2 \times 10^{-3} \mathrm{m}^3/\mathrm{s}$，不计损失，试计算：

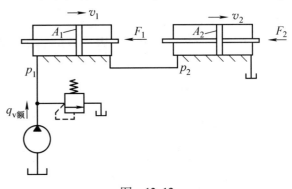

图 12-12

（1）缸 1 的活塞运动速度 v_1（m/s）。

（2）缸 2 的活塞运动速度 v_2（m/s）。

（3）当两缸负载相同，缸 1 的工作压力 $p_1 = 2\mathrm{MPa}$ 时，缸 1 的负载 F_1（kN）。

（4）当负载 $F_1 = 5\mathrm{kN}$、$F_2 = 4\mathrm{kN}$ 时，缸 1 的工作压力 p_1 为_____ MPa。

6. 如图 12-13 所示，两个液压缸无杆腔的有效作用面积均为 $0.02\mathrm{m}^2$，有杆腔的有效作用面积均为 $0.012\mathrm{m}^2$，输入流量都是 36L/min，输入压力都是 3MPa，试回答下列问题。

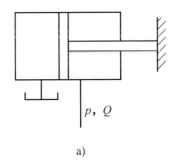
a)

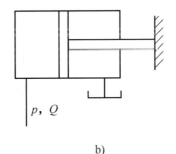
b)

图 12-13

（1）图 a 中，液压缸（活塞）向_____运动，负载方向向_____。

（2）图 b 中，液压缸（活塞）向_____运动，负载方向向_____。

（3）图 a 中，液压缸（活塞）的运动速度为_____ m/s，负载为_____ kN。

（4）图 b 中，液压缸（活塞）的运动速度为_____ m/min，负载为_____ kN。

第三节　压力、流量损失和功率的计算

一、填空题

1. 液压系统中液阻会造成_____损失，这种损失可分为_____和_____两种。其损失由_____修正。

2. 泄漏会导致_____损失，这种损失可分为_____和_____两种。其损失由_____修正。

3. 由于油液具有_____，在油液流动时，油液的分子之间、油液与管壁之间的_____和碰撞会产生_____，这种阻碍油液流动的阻力称为_____。

4. 泄漏产生的原因是_____和_____。

二、判断题

1. 液压系统内部，油液由低压腔泄漏到高压腔称为内泄漏。　　　　　　　　　（　　）

2. 当液压系统存在泄漏时，液压系统处于不正常的工作状态。　　　　　　　（　　）

3. 液压泵的输出功率等于液压缸的输入功率。　　　　　　　　　　　　　　（　　）

4. 生产实际中，局部损失是主要的压力损失。　　　　　　　　　　　　　　（　　）

5. 液压元件的液阻一定时，元件两端的压差越大，则通过元件的流量越大。　（　　）

6. 驱动液压泵的电动机所需功率比液压泵的输出功率要大。　　　　　　　　（　　）

三、选择题

1. 油液在交变弯曲管路中的压力损失为_____。

    A. 沿程损失　　　　B. 局部压力损失　　　　C. 流量损失　　　　D. 容积损失

2. 压力损失会造成功率浪费，以下不能减小压力损失的是_____。

    A. 选择适当的油液黏度　　　　B. 管路内壁光滑

    C. 加长管路长度　　　　D. 减少管路的截面变化及弯曲

3. 下列对液压缸输出功率有影响的是_____。

①负载　　②液压缸的运动速度　　③液压缸的输入流量　　④液压缸的输入压力

    A. 只有③　　　　B.③和④　　　　C.①、③和④　　　　D. 全部

4. 下列_____不是压力损失产生的后果。

    A. 功率浪费　　　　B. 油液发热　　　　C. 元件受热膨胀卡死　　　D. 失效

四、计算题

1. 已知活塞速度 $v = 0.07\text{m/s}$，活塞杆负载 $F = 30\text{kN}$，无杆腔的有效作用面积 $A_1 = 0.01\text{m}^2$，液压泵额定流量 $q_{v额} = 8.4 \times 10^{-4}\text{m}^3/\text{s}$，额定压力 $p_额 = 5\text{MPa}$，泵的总效率 $\eta_总 = 0.8$，

$K_漏 = 1.2$，$K_压 = 1.4$，试确定：

（1）此液压泵能否适用。

（2）驱动该液压泵的电动机的功率。

（3）与液压泵所匹配的电动机的功率。

2. 如图 12-14 所示，液压泵的额定压力为 5MPa，额定流量为 4L/min，溢流阀 1 打开时，系统压力为 3MPa，溢出的流量为 1.2L/min，节流阀 2 两端的压力差为 0.5MPa，此时液压缸无杆腔的有效作用面积为 $0.01m^2$，有杆腔的有效作用面积为

$0.005m^2$，液压泵的效率为 0.8。试求：

（1）活塞的运动速度（m/min）。

（2）负载。

（3）液压泵的额定功率。

（4）液压泵的输出功率。

（5）液压缸的输出功率。

（6）驱动该液压泵的电动机功率。

（7）与液压泵所匹配的电动机的功率。

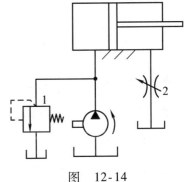

图 12-14

第十三章 液压元件

第一节 液 压 泵

一、填空题

1. 图 13-1 中，从左到右分别是_____、_____、_____和_____。

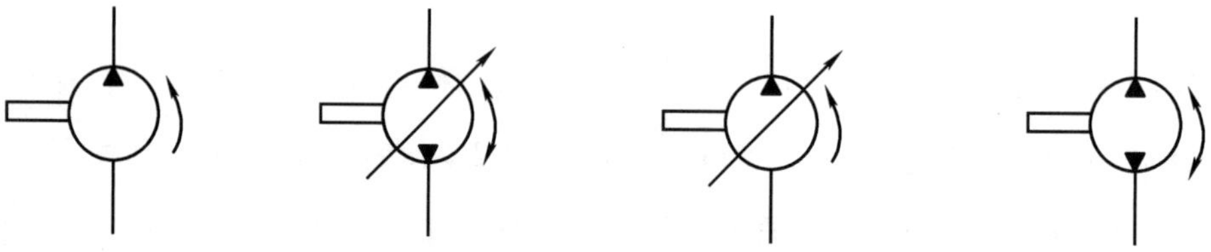

图 13-1

2. 齿轮泵流量_____（填"可以"或"不可以"）调节，泄漏_____，_____（填"有"或"无"）噪声，对油液污染_____，自吸能力_____，径向力_____。

3. 叶片泵噪声_____，对油液污染_____，自吸能力_____，效率_____。

4. 柱塞泵对油液污染_____，效率_____，流量_____调节。

5. 外啮合齿轮泵的泄漏主要有_____、_____和_____。其中，通过_____泄漏量最大。

6. 液压泵是将电动机（或其他原动机）输出的_____能转换为_____能的能量转换装置，是液压系统的_____元件。液压泵是依靠_____的变化来进行工作的。

7. 液压泵要完成吸油、压油过程，必须有四个条件：_____、_____、_____和_____。

二、判断题

1. 轴向柱塞泵既可以制成定量泵，也可以制成变量泵。　　　　　　　　　　　（　　）

2. 改变轴向柱塞泵斜盘倾斜的方向就能改变吸、压油的方向。　　　　　　　（　　）

3. 齿轮泵都是定量泵。　　　　　　　　　　　　　　　　　　　　　　　　（　　）

4. 在齿轮泵中，为了消除困油现象，可在泵的端盖上开卸荷槽。　　　　　　（　　）

5. 双作用式叶片泵的转子中心与定子中心存在偏心距。 （   ）

6. 外啮合齿轮泵中，轮齿不断脱离啮合的一侧油腔是压油腔。 （   ）

7. 双作用式叶片泵存在径向不平衡力，所以工作压力不能提高。 （   ）

三、选择题

1. 将发动机输入的机械能转换为液体的压力能的液压元件是_____。

   A. 液压泵　　　　　B. 液压马达　　　　C. 液压缸　　　　　D. 控制阀

2. 单作用式叶片泵的转子每转一转，吸油、压油各_____次。

   A. 1　　　　　　　B. 2　　　　　　　C. 3　　　　　　　D. 4

3. 齿轮泵应用于_____的场合。

   A. 2.5MPa 以下　　B. 10MPa 以上　　C. 6.3MPa 以上　　D. 6.3MPa 以下

4. 液压泵输出油液的多少，主要取决于_____。

   A. 额定压力　　　　B. 负载　　　　　C. 密封容积大小变化　　D. 电动机功率

5. 下列液压泵中属于定量泵的是_____。

   A. 单作用叶片泵　　B. 双作用叶片泵　　C. 径向柱塞泵　　　D. 轴向柱塞泵

6. 齿轮泵采用浮动轴套，自动补偿端面间隙、提高泵的压力和容积效率，是因为其存在_____。

   A. 流量脉动　　　　B. 困油现象　　　　C. 泄漏现象　　　　D. 径向不平衡力

四、计算题

已知某液压系统工作时所需最大流量 $Q = 5 \times 10^{-4} \, \text{m}^3/\text{s}$，最大工作压力 $p = 40 \times 10^5 \, \text{Pa}$，取 $K_\text{压} = 1.3$，$K_\text{漏} = 1.1$，试从下列泵中选择液压泵。

CB—40 型泵　　　CB—50 型泵　　　YB—30 型泵　　　YB—40 型泵

第二节 液压缸与液压马达

一、填空题

1. 若液压缸有效行程为 L，空心式双活塞杆液压缸的运动范围为_____，实心式双活塞杆液压缸的运动范围为_____。实心式单活塞杆液压缸的运动范围为_____，空心式单活塞杆液压缸的运动范围为_____。

2. 一差动液压缸，要求快进速度 v_1 是快退速度 v_2 的 2 倍，则活塞直径 D 是活塞杆直径 d 的_____倍。

3. 在压力油作用下，只能做单方向运动的液压缸称为_____，其回程须借助外力作用才能实现。往复两个方向的运动都由压力油作用实现的液压缸称为_____。

4. 执行元件实现往复直线运动或摆动的是_____，实现旋转运动的是_____。

5. 双作用式双活塞杆液压缸有实心式和空心式结构，应用于小型液压设备的是_____，用于中、大型液压设备的是_____。

二、判断题

1. 液压缸差动连接时，能比其他连接方式产生更大的推力。   （   ）

2. 液压马达的实际输入流量大于理论流量。   （   ）

3. 单出杆活塞式液压缸工作中，工作台慢速运动时，活塞获得的推力大。   （   ）

4. 按结构不同，液压缸可分为活塞式、柱塞式和摆动式三种。   （   ）

5. 双作用式单活塞杆液压缸的往复运动范围是有效行程的 3 倍。   （   ）

6. 液压缸间隙密封只适用于尺寸较小、压力较低、运动速度较高的场合。   （   ）

7. Y 形和 V 形密封圈在压力油的作用下，唇边张开，贴紧在密封表面。   （   ）

8. 为了便于排除积留在缸内的空气，油液最好在液压缸的最低点引入和引出。 （   ）

三、选择题

1. 将液压能转换为机械能的液压元件是_____。

    A. 液压泵   B. 液压马达   C. 油箱   D. 控制阀

2. 能形成差动连接的液压缸是_____。

    A. 单杆液压缸   B. 双杆液压缸   C. 柱塞式液压缸   D. 伸缩缸

3. 差动液压缸，若使其往返速度相等，则活塞面积应为活塞杆面积的_____。

    A. 1 倍   B. 2 倍   C. $\sqrt{2}$倍   D. 3 倍

4. 双作用杆活塞液压缸，当活塞杆固定时，运动所占的运动空间为缸筒有效行程的_____。

  A. 1 倍   B. 2 倍   C. 3 倍   D. 4 倍

5. 以下能实现摆动的液压缸是_____。

  A. 柱塞式液压缸   B. 摆动式液压缸   C. 差动液压缸   D. 伸缩式液压缸

四、计算题

1. 如图 13-2 所示液压系统，两液压缸无杆腔的有效作用面积分别是 $A_1 = 6 \times 10^{-3} \mathrm{m}^2$，$A_2 = 12 \times 10^{-3} \mathrm{m}^2$。两液压缸工作时负载分别是 $F_1 = 12\mathrm{kN}$，$F_2 = 36\mathrm{kN}$。定量泵额定流量 $q_{v额} = 1.8 \times 10^{-3} \mathrm{m}^3/\mathrm{s}$，溢流阀的开启压力 $p = 5\mathrm{MPa}$。不计损失，试计算并回答下列问题。

（1）当缸 1 的活塞运动时，运动速度 v_1 为多少米/秒？

（2）当缸 2 的活塞运动时，缸 2 的工作压力 p_2 为多少兆帕？

（3）起动液压泵后，哪个缸的活塞先运动？当系统压力升到多少时，另一缸的活塞才运动？

（4）当系统压力升到多少时，溢流阀开启溢流？

（5）溢流阀开启时，液压泵的输出功率为多少千瓦？

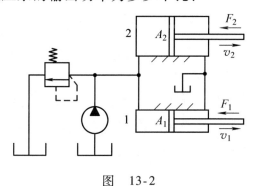

图   13-2

2. 如图 13-3 所示，两缸无杆腔的有效作用面积均为 $A_1 = 0.02\text{m}^2$，有杆腔的有效作用面积均为 $A_2 = 0.01\text{m}^2$，且两缸承受的负载相同；溢流阀的调定压力为 4MPa，泵的额定流量为 24L/min，额定压力为 6.3MPa，节流阀前、后压力差为 0.7MPa，通过溢流阀的流量为 18L/min，试回答下列问题。

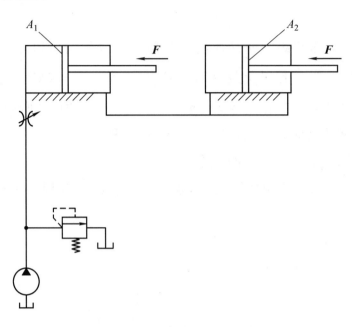

图　13-3

（1）该液压缸按作用形式分类，属于_____液压缸。

（2）通过节流阀的流量和液压泵的输出流量_____（填"相等"或"不相等"）。

（3）左缸活塞的运动速度为_____m/min。

（4）左缸右腔的流量和右缸左腔的流量_____（填"相等"或"不相等"）。

（5）右缸左腔的流量为_____L/min。

（6）右缸活塞的运动速度为_____m/min。

（7）左缸的输入压力为_____MPa。

（8）两缸承受的负载为_____kN。

（9）左缸右腔的压力和右缸左腔的压力_____（填"相等"或"不相等"）。

（10）右缸右腔的压力为_____MPa。

3. 一单活塞杆液压缸，快进时采用差动连接，工进时压力油输入缸的无杆腔，快退时压力油输入缸的有杆腔，活塞杆往复快速运动的速度均是 0.1m/s，慢速运动时负载为 25kN，背压为 0.2MPa，液压缸的输入流量 $q = 25$L/min。试求：

（1）活塞和活塞杆直径。

（2）工进时，缸的输入压力。

第三节　液压控制阀
（方向控制阀）

一、填空题

1. 单向阀、换向阀用于控制和改变液压系统中的_____。

2. 液动换向阀由液压控制，依靠_____复位（中位），可用于_____压_____流量的液压系统。

3. 在 O 型、H 型、Y 型、P 型、M 型中位滑阀机能中，能实现液压泵卸荷的有_____、_____；能实现液压缸浮动的有_____、_____；能实现液压缸闭锁的有_____、_____；实现差动连接的是_____。

4. 换向阀是通过改变阀芯对阀体的_____来控制油路接通、关断或改变油液流动方向的。

5. 图 13-4 中换向阀的名称分别为_____、_____、_____ 和_____。

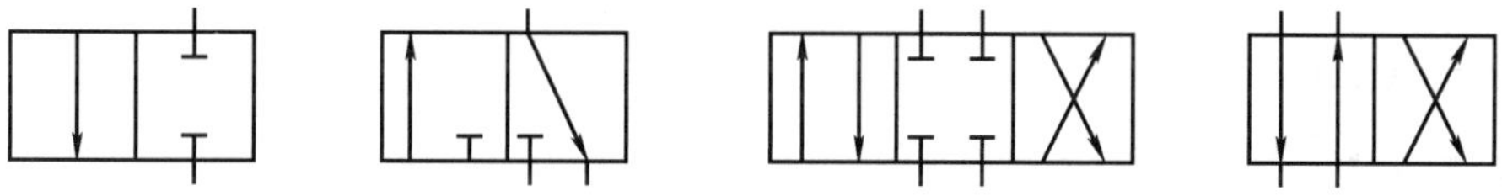

图　13-4

二、判断题

1. 所有的单向阀都是保证油液单方向的流动。　　　　　　　　（　　）

2. 普通单向阀开启压力很小，开启压力一般仅为 0.035～0.05MPa。　　（　　）

3. 换向阀阀芯的工作位置数称为"通"，阀与液压系统中油路相连通的油口数称为"位"。　　　　　　　　　　　　　　　　　　　（　　）

4. Y 型滑阀机能能实现差动连接。　　　　　　　　　　　（　　）

5. 电液动换向阀是由电磁换向阀和液动换向阀组合而成的，其中电磁换向阀为先导阀，液动换向阀为主阀。　　　　　　　　　　　　　（　　）

三、选择题

1. 换向阀是液压系统的_____。

    A. 动力部分　　　　B. 执行部分　　　　C. 控制部分　　　　D. 辅助部分

2. 能应用于流量较大的换向阀为_____。

    A. 手动换向阀　　　B. 机动换向阀　　　C. 电磁换向阀　　　D. 电液换向阀

3. 换向平稳性最好的中位滑阀机能是_____。

A. O 型　　　　　　B. H 型　　　　　　C. Y 型　　　　　　D. P 型

4. 以下中位滑阀机能换向精度高的是_____。

A. O 型　　　　　　B. H 型　　　　　　C. Y 型　　　　　　D. P 型

5. 具有泵不卸荷、缸锁紧的滑阀机能的是_____。

A. M 型　　　　　　B. P 型　　　　　　C. O 型　　　　　　D. H 型

四、问答题

1. 完成下面的表格。

图形符号	换向阀名称全称	控制方式

2. 完成下面的表格。

中位图形符号	滑阀机能形式	换向精度	换向平稳性

第三节　液压控制阀

（压力控制阀）

一、填空题

1. 溢流阀阀口＿＿＿＿＿＿，减压阀阀口＿＿＿＿＿＿，顺序阀阀口＿＿＿＿＿（填"常开"或"常闭"）。

2. 图 13-5 中溢流阀的作用分别是 ＿＿＿＿＿＿＿＿、＿＿＿＿＿＿＿、＿＿＿＿＿＿＿、＿＿＿＿＿＿＿。

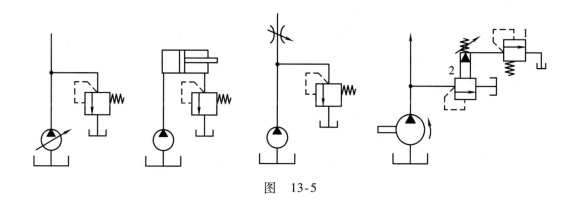

图　13-5

3. 如图 13-6 所示，单向阀的开启压力分别为：$p_A = 0.2\text{MPa}$，$p_B = 0.3\text{MPa}$，$p_C = 0.4\text{MPa}$，当 O 点刚有油液流过时，图 13-6a、b 中，p 点的压力分别为 ＿＿＿＿＿ MPa 和＿＿＿＿＿ MPa。

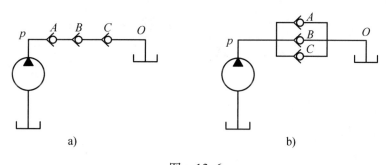

a)　　　　　　　　　　b)

图　13-6

4. 若将上题中的三个单向阀换成三个溢流阀，则 p 点的压力分别为＿＿＿＿＿ MPa 和＿＿＿＿＿ MPa。

5. 在图 13-7 所示回路中，若 $p_{Y1} = 2\text{MPa}$、$p_{Y2} = 4\text{MPa}$，卸荷时的各种压力损失均可忽略不计，试在表中填写 A、B 两点处在不同工况下的压力值（MPa）。

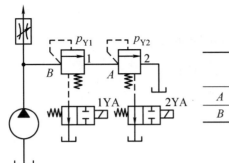

	1YA(+) 2YA(+)	1YA(+) 2YA(−)	1YA(−) 2YA(+)	1YA(−) 2YA(−)
A				
B				

图 13-7

二、判断题

1. 液控顺序阀阀芯的启闭不是利用进油口压力来控制的。 （　　）

2. 背压阀的作用是使液压缸的回油腔具有一定的压力，保证运动部件工作平稳。 （　　）

3. 当液控顺序阀的出油口与油箱连接时，称为卸荷阀。 （　　）

4. 顺序阀图形符号与溢流阀相似，因此可用作溢流阀用。 （　　）

5. 减压阀工作时保持进口压力恒定。 （　　）

6. 溢流阀可以串接在液压缸回油口，起背压作用。 （　　）

7. 溢流阀阀口常开，顺序阀阀口常闭。 （　　）

8. 直动型溢流阀用于低压系统，先导型溢流阀用于中、高压系统。 （　　）

三、选择题

1. 顺序阀是_____控制阀。

　A. 流量　　　　　B. 压力　　　　　C. 方向　　　　　D. 顺序

2. 在液压系统中，_____可用作背压阀。

　A. 溢流阀　　　　B. 减压阀　　　　C. 液控顺序阀　　D. 油箱

3. 顺序阀在系统中用作背压阀时，应选用_____。

　A. 内控内泄式　　　B. 内控外泄式

　C. 外控内泄式　　　D. 外控外泄式

4. 溢流阀工作时保持_____。

　A. 进口压力不变　　　　B. 出口压力不变

　C. 进、出口压力都不变　　D. 进、出口压力都升高

5. 当控制压力高于减压阀调定压力时，减压阀的阀口将_____。

　A. 开大　　　　　　　　B. 关小

　C. 无变化　　　　　　　D. 不确定

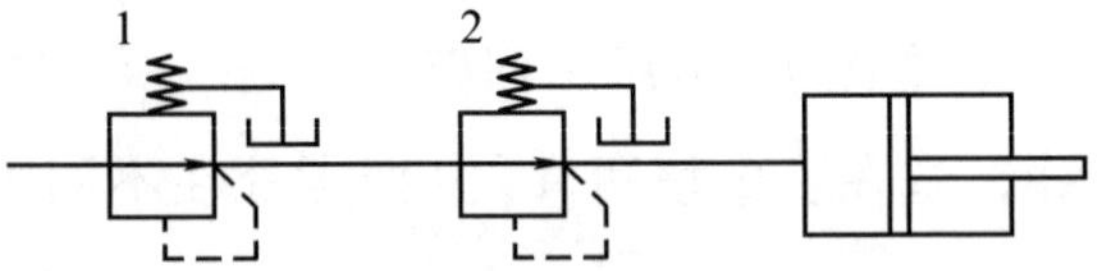

6. 如图 13-8 所示，减压阀 1 的调定压力为

2.5MPa，减压阀 2 的调定压力为 3MPa，缸的最

图 13-8

170

大压力为_____。

    A．2.5MPa   B．3MPa   C．0.5MPa   D．5.5MPa

7．减压阀进口压力为1MPa，其调定压力为2.5MPa，则减压阀出口压力为_____。

    A．1MPa   B．2.5MPa   C．1.5MPa   D．3.5MPa

四、计算题

1．如图13-9所示液压缸的无杆腔面积 $A_1 = 0.01\text{m}^2$，有杆腔有效作用面积 $A_2 = 0.006\text{m}^2$，阀2调定压力为0.5MPa，液压泵的流量—压力曲线如图13-9b所示。试回答：

（1）阀1的名称_____，作用是_____。

（2）阀2的名称_____，作用是_____。

（3）当压力表读数为1MPa时的负载是多少千牛？活塞运动速度是多少米/分钟？

（4）当压力表读数为3MPa时的负载是多少千牛？活塞运动速度是多少米/分钟？

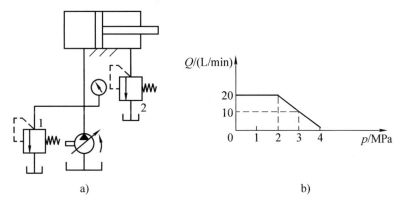

a)   b)

图　13-9

2. 如图 13-10 所示的回路中，若溢流阀的调整压力分别为 $p_{Y1} = 6MPa$，$p_{Y2} = 4.5MPa$，泵出口处的负载阻力为无限大。在不计管道损失和调压偏差的前提下，试回答：

（1）换向阀下位接入回路时，泵的出口压力为多少？B 点和 C 点的压力各为多少？

（2）换向阀上位接入回路时，泵的出口压力为多少？B 点和 C 点的压力又是多少？

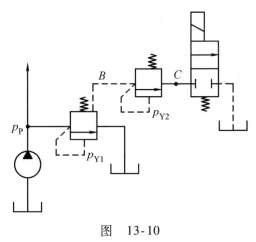

图 13-10

3. 如图 13-11 所示回路，溢流阀的调整压力为 5MPa，顺序阀的调整压力为 3MPa。问下列情况时，A 点、B 点的压力各为多少？

（1）液压缸活塞杆伸出，负载压力 $p_L = 4MPa$ 时。

（2）液压缸活塞杆伸出，负载压力 $p_L = 1MPa$ 时。

（3）活塞运动到终点时。

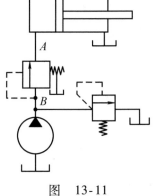

图 13-11

4. 如图 13-12 所示回路，溢流阀的调整压力为 5MPa，减压阀的调整压力为 1.5MPa，活塞运动时负载压力为 1MPa，其他损失不计。试分析：

（1）活塞运动期间 A 点、B 点的压力值是多少？

（2）活塞碰到死挡铁后 A 点、B 点的压力值是多少？

（3）活塞空载运动时 A 点、B 点的压力各为多少？

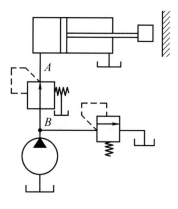

图　13-12

第三节 液压控制阀

（流量控制阀）

一、填空题

1. 流量控制阀通过改变节流口的_____调节通过阀口的流量，从而改变执行元件的运动速度。

2. 改变节流口的通流面积，使_____发生变化，就可以调节流量的大小。

3. 调速阀是由一个_____和一个_____串联组合而成的。

4. 依靠本身结构的变化使执行元件实现快进、工进、快退工作循环的是_____阀。

5. 影响节流阀流量稳定的因素主要有：节流阀前后的_____、节流口_____、节流口_____、油液的_____。

6. 判断图 13-13 所示节流口的形式分别是_____、_____、_____、_____和_____。

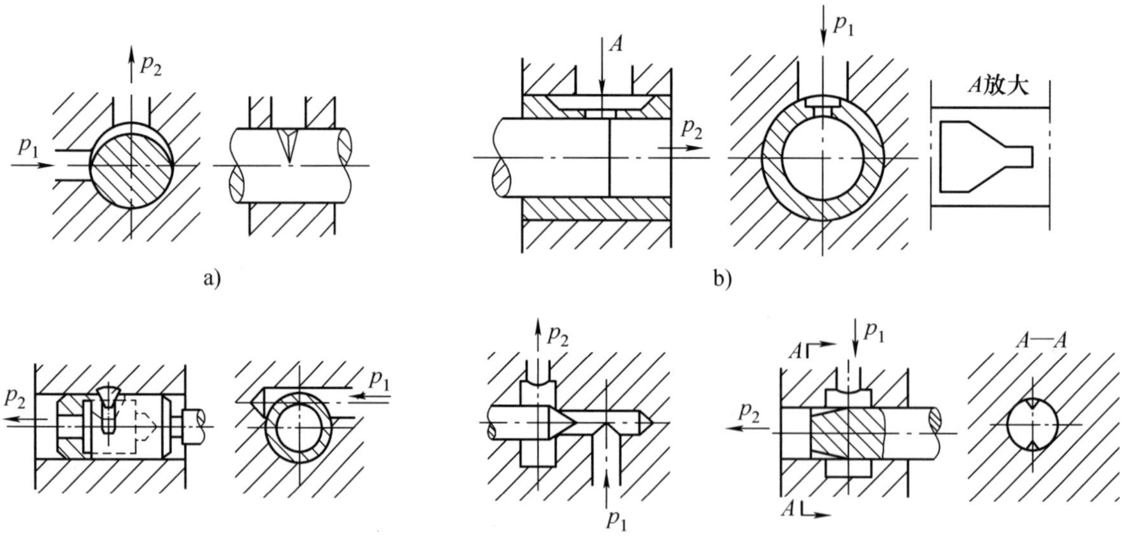

图 13-13

二、判断题

1. 节流阀和调速阀都是用来调节流量及稳定流量的流量控制阀。（　　）

2. 液阻只影响压力的损失，不影响流量的变化。（　　）

3. 节流阀和调速阀的开口越大，则通过流量越大。（　　）

4. 通过节流阀的流量与节流阀两端的压力差成正比。（　　）

5. 节流阀通流面积越小，油液受到的液阻越大，通过阀口的流量就越小。 （　）

6. 使用节流阀调节执行元件运动速度，其速度将随负载和温度的变化而波动。 （　）

7. 安装时，调速阀不能反接。 （　）

三、选择题

1. 节流阀的节流口应尽量做成_____式。

   A. 薄壁孔 　　　　　B. 短孔 　　　　　C. 细长孔 　　　　D. 都可以

2. 节流阀可控制油液的_____。

   A. 顺序动作 　　　　B. 方向 　　　　　C. 压力 　　　　　D. 速度

3. 当控制阀的开口一定，阀的进出口压力相等时，通过节流阀的流量为_____。

   A. 某一调定值 　　　B. 某变值 　　　　C. 0 　　　　　　　D. 无法确定

4. 下面节流口形式中，_____节流阀性能好，可得到较小稳定流量。

   A. 周向缝隙式 　　　B. 轴向缝隙式 　　C. 针阀式 　　　　D. 轴向三角槽式

四、计算题

如图 13-14 所示机床调速回路，已知液压缸活塞直径 $D=60\text{mm}$，活塞杆直径 $d=20\text{mm}$，工进速度 $v_1=0.6\text{m/min}$，负载 $F_1=5000\text{N}$，快进速度 $v_2=10\text{m/min}$，负载 $F_2=500\text{N}$，节流阀前后压力差 $\Delta p=0.5\text{MPa}$。

（1）求溢流阀的调整压力。

（2）选择泵的类型和规格（齿轮泵额定流量：20L/min、32L/min、40L/min；叶片泵额定流量：16L/min、28L/min、35L/min）。

（3）求工进时，溢流阀和节流阀所消耗的功率。

（4）求工进时，系统的效率。

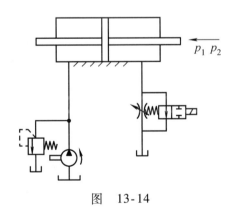

图　13-14

五、综合分析题

1. 如图 13-15 所示，两液压缸的尺寸相同，$A_1 = 0.01\,\text{m}^2$，$A_2 = 0.005\,\text{m}^2$，液压泵的输出压力都是 4MPa，图 13-15a 所示负载为 37.5kN，图 13-15b 所示负载为 38.75kN，节流阀流量特性公式为 $Q = 10^{-2}\sqrt{\Delta p}$（L/min）。试求：

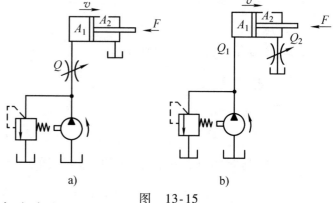

图 13-15

（1）节流阀通过_____控制油液流量。

（2）比较两系统，_____应用于功率较小的场合，_____应用于负载变化较大的场合，_____容易散热，_____有背压。

（3）两系统活塞的运动速度（m/min）各为多少？

2. 在图 13-16 所示回路中，液压泵的额定压力为 3MPa，额定流量为 40L/min，溢流阀的调定压力为 2MPa，调速阀两端的压力差为 1MPa，活塞有效作用面积均为 $0.01\,\text{m}^2$，液压缸快进与快退速度相等，均为 6m/min，试回答：

（1）元件 4 的名称是_____，中位是_____型，其中位机能：液压泵_____（填"卸荷"或"不卸荷"），活塞_____（填"闭锁"或"浮动"）。

（2）元件 6 的名称是_____，它和元件 5 并联称为_____，其作用是
_____。

（3）上升时流过元件 3 的流量为_____L/min。

（4）下降时流过元件 2 的流量为_____L/min。

（5）上升时顶起的重量为_____kN。

（6）液压缸的活塞自重为 5kN，为防止活塞自行下滑，元件 6 的最小调定压力为_____MPa。

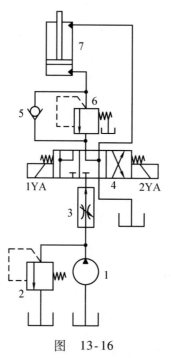

图 13-16

第四节 液压辅件

一、填空题

1. 油箱的主要功用是_____、_____和_____。

2. 过滤器的作用是_____。

3. 网式过滤器一般用于液压泵的_____，是_____过滤器。烧结式过滤器是_____过滤器。

4. 压力继电器是用来将_____信号转换为_____信号的辅助元件。

5. 蓄能器的作用有_____、_____、_____和_____。

二、判断题

1. 蓄能器能吸收系统压力突变时的冲击，也能吸收液压泵工作时的流量脉动所引起的压力脉动。　　　　　　　　　　　　　　　　　　　　　　（　　）

2. 压力继电器的作用是根据液压系统的流量变化自动接通或断开有关电路，以实现程序控制和安全保护功能。　　　　　　　　　　　　　　　　　（　　）

3. 液压泵的吸油口安装精过滤器，压油口和重要元件前安装粗过滤器。　（　　）

4. 压力表用于观察液压系统中各工作点的油液压力。　　　　　　　　（　　）

三、选择题

1. 下列描述蓄能器作用错误的是_____。

A. 蓄能器释放所储存的油液来补偿泄漏，从而使系统压力恒定

B. 蓄能器能和液压泵同时供油，实现执行元件的快速运动

C. 蓄能器能吸收系统压力突变时的冲击

D. 蓄能器不能作为应急动力源

2. 主要用于过滤油液中铁质的过滤器应选用_____。

A. 网式过滤器　　　B. 磁性过滤器　　　C. 烧结式过滤器　　　D. 线隙式过滤器

3. 用于运动部件连接的油管是_____。

A. 纯铜管　　　　　B. 尼龙管　　　　　C. 橡胶软管　　　　　D. 耐油塑料管

4. 用于中、低压系统的橡胶软管连接的管接头是_____。

A. 扩口式薄壁管接头　B. 焊接式管接头　C. 卡套式管接头　D. 扣压式管接头

第十四章　液压基本回路

第一节　方向控制回路

一、填空题

1. 方向控制回路包括_____回路和_____回路两种基本回路。

2. 如图 14-1 所示，_____（填"有"或"无"）换向回路，其核心元件是_____。当换向阀电磁铁_____（填"得电"或"断电"）时，活塞退回。

3. 通过三位四通换向阀中位滑阀机能来实现的闭锁回路闭锁效果_____。图 14-2 所示系统_____（填"有"或"无"）闭锁回路；若有，闭锁效果_____。

4. 方向控制回路是控制液流的通、断和_____的回路，在液压系统中用于实现_____的起动、停止以及改变_____。

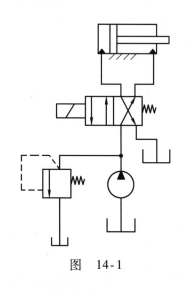

图　14-1

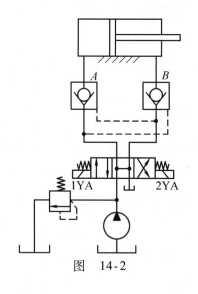

图　14-2

二、判断题

1. 闭锁回路可采用 O 型、M 型中位滑阀机能换向阀来实现。　　　　　　（　　）

2. 采用滑阀机能为 O 型或 M 型的换向阀组成的闭锁回路结构简单，但由于换向阀密封性差，存在泄漏，所以闭锁效果较差。　　　　　　　　　　　　　　　（　　）

3. 回路中有单向阀的一定存在方向控制回路。　　　　　　　　　　　　（　　）

4. 闭锁回路能使执行元件在任意位置上停留以及在停止工作时防止因受外力作用而发生移动。 （　　）

三、选择题

1. 图 14-3 所示中，没有＿＿＿＿＿＿回路。

 A. 换向   B. 闭锁   C. 单向   D. 卸荷

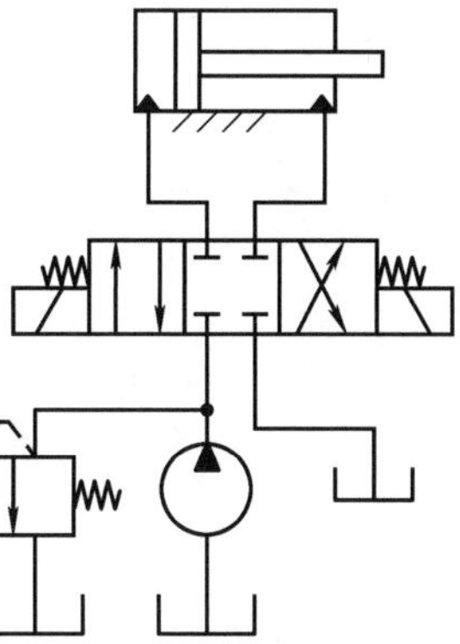

图　14-3

2. 下面关于方向控制回路说法正确的是＿＿＿＿＿＿＿＿＿＿。

 A. 采用液控单向阀的闭锁回路，液压缸锁紧效果差

 B. 通过三位四通换向阀的 O 型、M 型、Y 型中位滑阀机能来实现闭锁

 C. 换向回路一般采用各种换向阀来实现换向

 D. 方向控制回路包括换向回路、闭锁回路和卸荷回路

3. 在液压系统中能实现执行元件的起动、停止以及改变运动方向的是＿＿＿＿＿＿＿＿＿＿。

 A. 方向控制回路 B. 压力控制回路 C. 速度控制回路 D. 顺序动作回路

四、计算题

图 14-4 所示为某液压系统图，泵输出流量 $Q = 5 \times 10^{-4} \mathrm{m^3/s}$，溢流阀调定压力 $p_Y = 5\mathrm{MPa}$，液压缸两腔有效作用面积分别为 $A_1 = 0.01\mathrm{m^2}$、$A_2 = 0.005\mathrm{m^2}$，通过调速阀的流量为 $q_T = 5 \times 10^{-5}\mathrm{m^3/s}$，调速阀两端压力差为 0.5MPa。活塞快进时的负载为 10kN，快退时的负载为 15kN。若元件的泄漏和损失忽略不计，试回答：

（1）调速阀由＿＿＿＿＿＿＿＿＿＿＿和＿＿＿＿＿＿＿＿＿＿＿串联而成。

（2）图中＿＿＿＿＿＿（填"有"或"无"）换向回路，＿＿＿＿＿＿（填"有"或"无"）闭锁回路。若有，其核心元件是＿＿＿＿＿＿＿＿＿＿。

（3）当 1YA ＿＿＿＿＿＿＿＿＿＿、2YA ＿＿＿＿＿＿＿＿＿＿（填"得电"或"断电"），系统快进；当 1YA ＿＿＿＿＿＿＿＿、2YA ＿＿＿＿＿＿＿＿（填"得电"或"断电"），系统工进；当 1YA ＿＿＿＿＿＿＿，2YA ＿＿＿＿＿＿＿＿（填"得电"或"断电"），系统快退。

（4）工进时，当系统负载变大，通过调速阀的流量＿＿＿＿＿＿＿＿＿＿，液压缸的无杆腔压

力_____，溢流阀溢流量_____（填"变大""不变"或"变小"）。

（5）系统中液压缸的往复运动范围约为有效行程的_____倍。

（6）活塞快进时，p_1 为多少兆帕？

（7）活塞快进时，活塞运动速度 v_1 为多少米/秒？

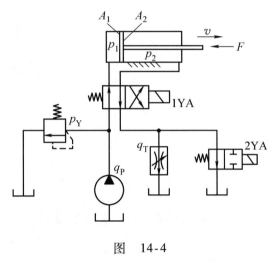

图 14-4

（8）工进时负载为多少千牛？

（9）活塞快退时，求液压泵的输出压力。

（10）活塞工进时，溢流阀的溢流量 Δq 为多少米³/秒？

第二节 压力控制回路

一、填空题

1. 压力控制回路有_____、增压回路、减压回路和_____。

2. 如图 14-5 所示，已知增压缸左腔有效作用面积 $A_a = 0.04\text{m}^2$，右腔有效作用面积 $A_b = 0.01\text{m}^2$，泵的输出压力为 1.2MPa，则增压缸的增压比为_____，工作缸的左腔压力为_____ MPa。

3. 如图 14-6 所示，已知溢流阀的调定压力为 5MPa，减压阀的出口压力最小为_____ MPa，最大压力为_____ MPa。

4. 用来使局部油路或个别执行元件得到比主系统油压高得多的压力的回路是_____，其常用核心元件是_____。

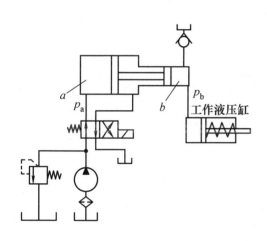

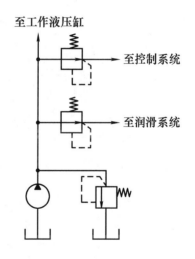

图 14-5   图 14-6

二、判断题

1. 卸荷回路可采用 O 型、H 型中位滑阀机能换向阀来实现。 （　　）

2. 增压回路可以使局部油路或个别执行元件得到比主系统油压高得多的压力。 （　　）

3. 卸荷回路可以使液压泵在最小压力的情况下运转，输出功率为零，减少功率损失和系统发热，延长泵和电动机的使用寿命。 （　　）

4. 如图 14-7 所示的系统只有调压回路没有卸荷回路。 （　　）

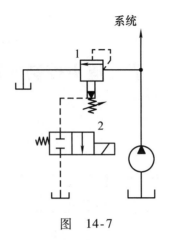

图 14-7

三、选择题

1. 一级或多级调压回路的核心元件是_____。

    A. 溢流阀   B. 减压阀   C. 压力继电器   D. 顺序阀

2. 有两个调整压力分别为3MPa、5MPa的溢流阀串联在泵的出口，则泵的出口压力为_____。

    A. 3MPa   B. 5MPa   C. 8MPa   D. 10MPa

3. 如图14-8所示系统没有包括的回路是_____。

    A. 调压   B. 减压   C. 增压   D. 卸荷

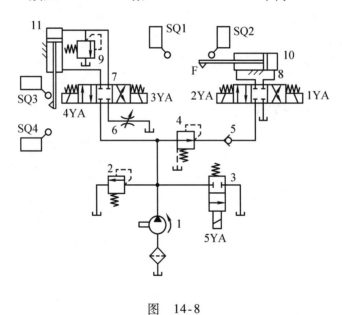

图 14-8

四、计算题

1. 图14-9所示为回油节流调速回路。液压缸两腔的有效作用面积分别为 $A_1 = 100 \times 10^{-4} \text{m}^2$、$A_2 = 50 \times 10^{-4} \text{m}^2$、$A_3 = 200 \times 10^{-4} \text{m}^2$、$A_4 = 120 \times 10^{-4} \text{m}^2$，调速阀最小压力差 $\Delta p = 0.5\text{MPa}$。当缸的负载 F 为 $0 \sim 66\text{kN}$ 时，缸向右运动速度保持不变。压力损失忽略不计，试计算：

（1）负载 F 分别为 0kN 和 66kN 时，泵的工作压力 p_p（MPa）和增压缸的增压比。

（2）溢流阀最小调定压力 p_Y（MPa）。

（3）若泵的额定流量为 20L/min，当缸的负载 F 为 0～66kN 时，其向右运动的速度（m/min）。

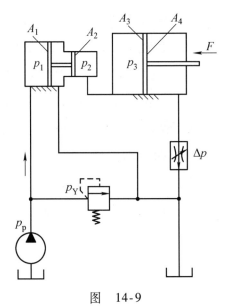

图 14-9

2. 图 14-10 所示为汽车大梁生产线上铆接机液压传动原理图，可以实现快速进给（空载）→慢速工进（挤压铆接）→快速退回→停止卸荷的工作循环。已知各缸有效作用面积分别为 $A_1 = 100 \times 10^{-4} m^2$、$A_2 = 20 \times 10^{-4} m^2$、$A_3 = 100 \times 10^{-4} m^2$、$A_4 = 50 \times 10^{-4} m^2$，液压泵的额定流量 $q_{v额} = 2 \times 10^{-3} m^3/s$，溢流阀的调定压力 $p_Y = 6.3MPa$，不计油路损失及其他影响，试回答：

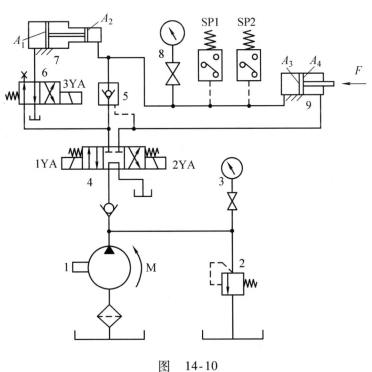

图 14-10

（1）SP1 和 SP2 的名称是_____。

（2）该系统包括_____、_____和_____压力控制回路。

（3）快速进给时，油表 3 和 8 的读数分别为_____MPa 和_____MPa。

（4）快速进给时，工作缸活塞的运动速度 $v_{快}$ 为_____m/s。

（5）慢速工进时能克服的最大负载 F 为_____kN，此时油表 8 的压力为_____MPa。

（6）慢速工进时，若工作缸 9 的进给速度为 0.03m/s，则通过溢流阀的流量为_____m^3/s。

3. 如图 14-11 所示的液压系统，液压缸的有效作用面积 $A_1 = A_2 = 100cm^2$，左缸负载 $F_L = 35000N$，右缸负载为零，溢流阀、减压阀、顺序阀的调定压力分别为 4MPa、2MPa、3MPa。求在以下情况下，A、B、C 点处的压力。

（1）两换向阀处于中位。

（2）1YA 通电、左缸运动时，及到终点停止运动时。

（3）1YA 断电、2YA 通电、右缸运动时，及到固定挡铁停止时。

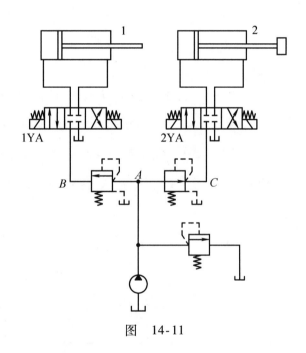

图 14-11

4. 图 14-12 所示液压系统，两液压缸尺寸相同，活塞的有效作用面积为 $0.01m^2$，活塞杆的横截面积为 $0.004m^2$，阀 1 的调定压力为 6MPa，阀 2 的调定压力为 1.5MPa，阀 3 的调定压力为 3.5MPa，阀 8 的调定压力为 1MPa。试回答：

（1）阀 8 的作用是_____，属于液压系统_____（填"动力""执行""控制"或"辅助"）部分。

（2）常态下，阀 1 的阀口_____，阀 2 的阀口_____，阀 3 的阀口_____（填"开启"或"关闭"）。

（3）当 1YA 得电、2YA 失电时，若泵的输出压力为 1MPa，则 A 点的压力为_____

MPa，*B* 点的压力为_____ MPa。

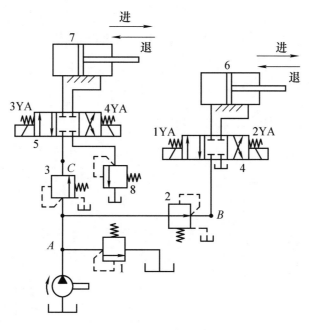

图 14-12

（4）缸 6 进给时的最大负载为多少？

（5）当 3YA 得电、1YA 失电、阀 3 刚打开时，缸 7 所受的负载为多少？

（6）当 3YA 得电、1YA 失电，缸 7 进给、负载变化成 34kN 时，*A* 点的压力为_____
MPa，*C* 点的压力为_____ MPa。

（7）当 3YA 得电、1YA 失电，缸 7 进给到终点时，*A* 点的压力为_____ MPa，*B* 点的
压力为_____ MPa，*C* 点的压力为_____ MPa。此时缸 7 所受的最大负载为_____ kN。

第三节　速度控制回路

一、填空题

1. 如图 14-13 所示，元件 3 的名称为_____，元件 4 的名称为_____，元件 5 的名称为_____。泵 1 为____（填"大"或"小"）流量泵，泵 2 为____（填"大"或"小"）流量泵。

2. 图 14-14 所示为_____节流调速回路，速度稳定性_____，运动平稳性_____，应用于功率_____的场合。

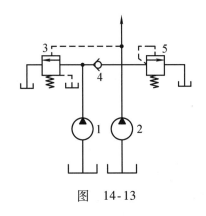

图　14-13

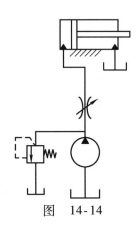

图　14-14

3. 容积调速回路具有压力损耗和流量损耗小的优点，因而回路发热量_____，效率_____，适用于功率较_____的液压系统中。容积节流复合调速回路相比于容积调速回路效率较_____。

4. 容积调速回路中的溢流阀的作用是_____。

二、判断题

1. 调速回路有定量泵的节流调速回路、变量泵的容积调速回路和容积节流复合调速回路三种。　　　　　　　　　　　　　　　　　　　　　　　　　　（　　）

2. 可采用调速阀代替节流阀来改善运动平稳性。　　　　　　　　　　　（　　）

3. 进油节流调速回路效率低，而回油节流调速回路效率较高。　　　　　（　　）

4. 单向阀、节流阀、溢流阀都可以作为背压阀使用。　　　　　　　　　（　　）

5. 容积调速回路适用于功率较大的液压系统中。　　　　　　　　　　　（　　）

6. 容积节流复合调速回路既有节流损失又有溢流损失。　　　　　　　　（　　）

7. 两个流量阀串联控制的速度换接回路，后一个流量阀的开口比前一个大。（　　）

8. 采用并联流量阀控制的速度换接回路，两次进给速度可以分别调节。　（　　）

三、选择题

1. 节流调速回路的核心元件是_____。

    A. 溢流阀   B. 换向阀   C. 单向阀   D. 节流阀

2. 下列描述回油节流调速回路特点错误的是_____。

    A. 液压泵的输出压力、输出流量和输出功率为定值

    B. 不能承受负值负载

    C. 运动的平稳性好

    D. 经节流阀后压力损耗而发热，导致温度升高的油液直接流回油箱，容易散热

3. 容积节流复合调速回路_____。

    A. 核心元件为定量泵和调速阀

    B. 无节流损失，无溢流损失

    C. 效率较高

    D. 发热量较大

四、计算题

1. 图 14-15 所示为由复合泵驱动的液压系统，活塞快速前进时负荷 $F = 0$，慢速前进时负荷 $F = 20000\text{N}$，活塞有效作用面积为 $40 \times 10^{-4}\text{m}^2$，左边溢流阀及右边卸荷阀的调定压力分别为 7MPa 和 3MPa。大排量泵流量 $Q_{大} = 20\text{L/min}$，小排量泵流量 $Q_{小} = 5\text{L/min}$，摩擦阻力、管路损失、惯性力忽略不计。

（1）活塞快速前进时，复合泵的出口压力是多少？进入液压缸的流量是多少？活塞的前进速度是多少？

（2）活塞慢速前进时，大排量泵的出口压力是多少？复合泵出口压力是多少？要改变活塞前进速度，需由哪个元件调整？

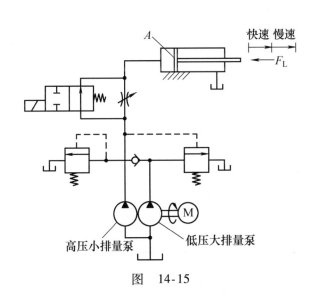

图 14-15

2. 图 14-16 所示为某专用液压系统图，泵输出流量 $q_p = 8 \times 10^{-4} \, \mathrm{m^3/s}$，溢流阀调定压力 $p_Y = 4\mathrm{MPa}$，液压缸两腔有效作用面积分别为 $A_1 = 80 \times 10^{-4} \, \mathrm{m^2}$、$A_2 = 40 \times 10^{-4} \, \mathrm{m^2}$，负载 $F = 20\mathrm{kN}$ 时，通过调速阀的流量为 $q_T = 4 \times 10^{-5} \, \mathrm{m^3/s}$。若元件的泄漏和损失忽略不计，试计算：

（1）活塞快进时，p_1 为多少兆帕？

（2）活塞快进时，活塞运动速度 $v_{快}$ 为多少米/秒？

（3）活塞工进时，p_2 最大为多少兆帕？

（4）活塞工进时，活塞运动速度 $v_{工}$ 为多少米/秒？

（5）活塞工进时，溢流阀的溢流量 Δq 为多少米^3/秒？

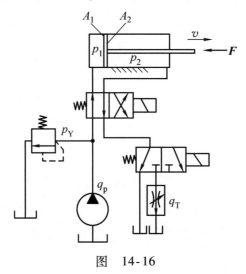

图 14-16

3. 图 14-17 所示为某液压回路，液压缸无杆腔的有效作用面积 $A_1 = 100\text{cm}^2$，液压缸活塞杆快进的速度与快退的速度相等，活塞缸有效作用面积为 A_3；快进时所克服的阻力 $F_1 = 5\text{kN}$，工进时所克服的负载 $F_2 = 40\text{kN}$，工进时流过调速阀的流量 $q_{v5} = 3\text{L/min}$。液压泵的额定流量 $q_{v\text{泵}} = 10\text{L/min}$，额定压力为 6.3MPa，件 2 的调定压力为 4.2MPa。不计其他损失，试计算：

（1）快进时，液压缸无杆腔的压力 p_1 为多少？

（2）快进时，活塞杆移动的速度为多少？

（3）工进时，调速阀两端的压力差为多少？

（4）工进时，通过溢流阀的流量为多少？

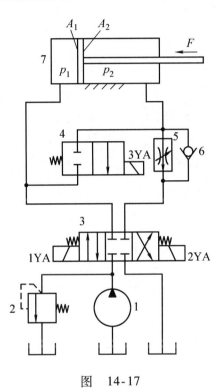

图 14-17

第四节　顺序动作回路

一、填空题

1. 按照控制原理和方法不同，顺序动作的方式分为_____、_____和时间控制三种。

2. 行程控制的顺序动作回路主要有_____和_____两种控制方式。

3. 压力控制的顺序动作回路主要有_____和_____两种控制方式。

4. 为保证顺序动作的可靠性，用顺序阀控制顺序动作回路顺序阀的调定压力应_____先动作缸的最高工作压力 0.8 ~ 1MPa。

5. 采用压力继电器控制的顺序动作回路压力继电器的调定压力应_____先动作缸的最高工作压力 0.3 ~ 0.5MPa，比溢流阀调定压力_____0.3 ~ 0.5MPa。

6. 采用位置开关控制的顺序动作回路，顺序动作可靠性取决于_____，用顺序阀控制的顺序动作回路，顺序动作可靠性取决于_____。

二、综合分析题

1. 图 14-18 所示液压系统，能实现"Ⅰ缸夹紧→Ⅱ缸快进→Ⅱ缸工进→Ⅱ缸快退→Ⅰ缸

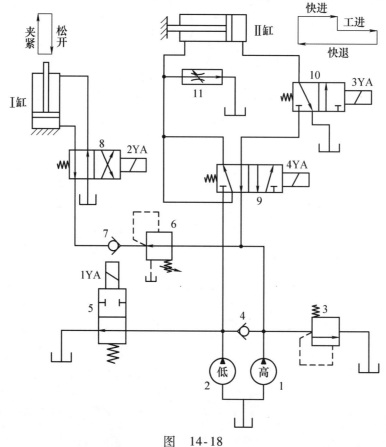

图　14-18

松开"的顺序动作。已知所选液压泵的型号为 YB40/6.3，额定压力为 6.3 MPa，Ⅱ缸快进、快退时由泵 2 供油，且 $v_{快进} = 2v_{快退}$；Ⅰ缸和Ⅱ缸规格相同，活塞有效作用面积 $A_1 = 0.03 \mathrm{m}^2$。不计各种损失，试回答：

（1）元件 9 的名称是_____。

（2）元件 7 的名称是_____，其作用是_____。

（3）元件 6 的名称是_____，当进口压力超过调定值时，其阀口_____（填"变大"或"变小"）。

（4）元件 11 是由_____和_____组合而成的，前者保证两端压力差不变。

（5）Ⅱ缸工进时，若负载突然变大，元件 1 的出口压力_____（填"变大""变小"或"不变"）。

（6）Ⅱ缸工进时采用的是_____调速回路，其核心元件是_____，该调速回路的运动平稳性_____（填"好"或"差"），速度稳定性_____（填"好"或"差"）。

（7）该系统的压力控制回路有_____回路、_____回路和_____回路。

（8）在下表中填写电磁铁动作状态（电磁铁得电为"＋"，失电为"－"）。

动作	1YA	2YA	3YA	4YA
Ⅰ缸夹紧				
Ⅱ缸快进				
Ⅱ缸工进				
Ⅱ缸快退				
Ⅰ缸松开				

（9）Ⅱ缸工进时，泵 2 的输出功率为_____ W。

（10）若Ⅱ缸工进时克服的负载为 50 kN，元件 11 两端的压力差 $\Delta p = 0.5 \mathrm{MPa}$，工进速度 $v_工 = 0.001 \mathrm{m/s}$，则流过元件 3 的流量 $q_{v3} =$ _____ L/min，此时元件 3 的调定压力 p_3 为_____ MPa。

2. 图 14-19 所示为某液压系统原理图。

（1）填写电磁铁动作顺序表（电磁铁得电为"＋"，失电为"－"；在某动作结束后，压力继电器动作并发出信号为"＋"，反之为"－"）。

工作顺序	元 件				
	1YA	2YA	3YA	4YA	压力继电器
夹紧					
快进					
工进					
快退					
停止					
松开					

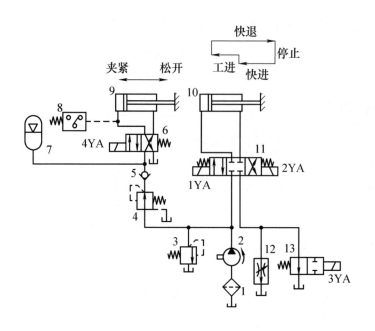

图 14-19

（2）元件 5 的作用是 _____。

（3）缸 10 工进时，元件 3 的作用是_____。

（4）该系统采用的调速回路是_____，系统采用压力继电器 8 的作用是_____。为了防止压力继电器发生误动作，压力继电器的动作压力应比液压缸_____的最高工作压力_____（填"高"或"低"）0.3 ~ 0.5MPa。

（5）元件 11 的名称是_____。

（6）元件 4 的名称是_____。其主要作用是_____。

（7）系统的控制回路有：由元件_____和元件_____构成的实现快进与工进的速度换接回路和由_____（填"行程"或"压力"）控制的顺序动作回路等。

（8）该液压系统_____（填"有"或"无"）卸荷回路。

（9）缸 10 工进时的回油路线为：从缸 10 右腔经_____到油箱（填写元件的名称和序号）。这时阀 13 处于_____（填"左"或"右"）位。

（10）若元件 3 的调定压力为 2MPa，缸 10 工进时，元件 12 两端压力差为 0.5MPa，其他损失不计，缸 10 活塞直径为 40mm，杆直径为 20mm，则缸 10 向左运动能够克服的阻力为_____kN（π 取 3）。

第十五章　液压传动系统实例分析

综合分析题

1. 如图 15-1 所示的液压系统能实现"夹紧缸夹紧→工作缸快进→工作缸工进→工作缸快退→工作缸停止→夹紧缸松开→系统卸荷"的工作循环。液压泵的额定压力为 3MPa，额定流量为 20L/min，元件 2 的调定压力为 2.5MPa，元件 12 的调定压力为 1.5MPa。两液压缸的规格相同，活塞有效作用面积均为 0.012m^2，且工作缸快进速度为快退速度的 2 倍。试分析并完成下列问题。

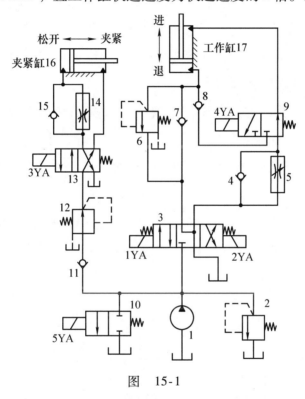

图　15-1

（1）填写电磁铁的动作顺序表（电磁铁通电为"＋"，断电为"－"）。

动　作	元　件				
	1YA	2YA	3YA	4YA	5YA
夹紧缸夹紧					
工作缸快进					
工作缸工进					
工作缸快退					
工作缸停止					
夹紧缸松开					
系统卸荷					

（2）元件 3 的名称为_____，其中位滑阀机能的特点是液压泵_____（填"卸荷"或"不卸荷"）。

（3）该液压系统中的压力控制回路有_____回路、_____回路和卸荷回路。

（4）夹紧缸夹紧动作的速度由元件_____控制，工作缸的工进速度由元件_____控制，工作缸的运动方向由元件_____控制，夹紧缸的最大夹紧力由元件_____（填元件序号）的调定压力决定。

（5）当电磁铁 5YA 通电时，泵的出口压力为_____。

（6）工作缸快进时，系统压力较低，夹紧缸因元件_____（填元件序号）的作用而不会出现失压现象。

（7）工作缸快进的速度为_____ m/min（不考虑各种损失）。

（8）工作缸工进时，若通过元件 5 的流量为 6L/min，则流入工作缸无杆腔的流量为_____L/min（不考虑各种损失）。

（9）为保证元件 14 能够正常稳定工作，要求其两端的压力差 $\Delta p \geqslant 0.5\text{MPa}$，则夹紧缸在夹紧运动过程中所克服的负载不应超过_____kN（管路中的压力损失不计）。

（10）若工作缸的活塞自重为 6kN，为防止工作缸的活塞在重力作用下自行下滑，则元件 6 的最小调定压力为_____MPa。

2. 如图 15-2 所示的车床液压系统，已知元件 5 的调定压力为 $4.5 \times 10^5\text{Pa}$，横向进给缸 11 活塞的有效作用面积为 40cm^2，杆的有效作用面积为 10cm^2，液压泵 1 的额定流量为

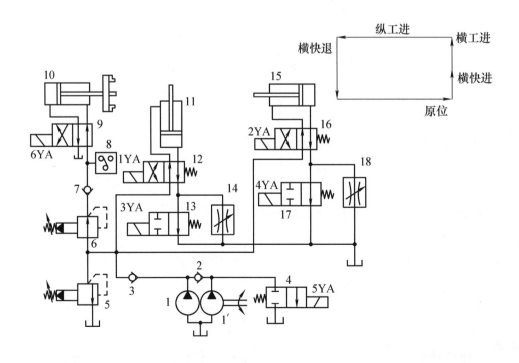

图 15-2

$4 \times 10^{-4} \, \text{m}^3/\text{s}$；液压泵 $1'$ 的额定流量为 $12 \times 10^{-4} \, \text{m}^3/\text{s}$，试根据其工作循环，分析工作过程，读懂该系统并回答下列问题（不考虑各种损失）。

（1）元件 7 的作用是_____。

（2）若元件 5、6、8 调定的压力分别为 p_5、p_6、p_8，则 p_5、p_6、p_8 之间的大小关系为_____。

（3）该系统由_____换向回路和回油路节流调速回路组成。

（4）若横向工进时，要求速度为 0.025m/s，则此时由_____提供流量，多余流量为_____ m^3/s，多余流量经元件_____流回油箱。

（5）若横向工进时，元件 14 前后的压力差为 $0.5 \times 10^5 \, \text{Pa}$，则横向工进时遇到的负载为_____，进给时泵的最大输出功率为_____。

（6）根据工作循环要求，完成电磁铁和压力继电器动作顺序表（电磁铁得电为"＋"，失电为"－"；压力继电器动作并发出信号为"＋"，否则为"－"）。

动　作	元　件						
	1YA	2YA	3YA	4YA	5YA	6YA	压力继电器
装件夹紧							
横向快进							
横向工进							
纵向工进							
横向快退							
纵向快退							
卸下工件							
原位停止							

3. 如图 15-3 所示的液压系统能实现"夹紧→差动快进→工进→快退→松开→停止卸荷"的工作循环，已知液压泵的额定压力为 6.3MPa，额定流量为 16L/min，两液压缸的规格相同，活塞有效作用面积均为 0.01m^2；缸 11 快进时，负载为 2kN，且快进与快退的速度相等；

缸 11 工进时，负载为 35kN，工进速度为 0.1m/min；阀 3 的调定压力为 3.8MPa，要求夹紧缸 10 的夹紧力为 10kN，其他各种损失不计。试分析：

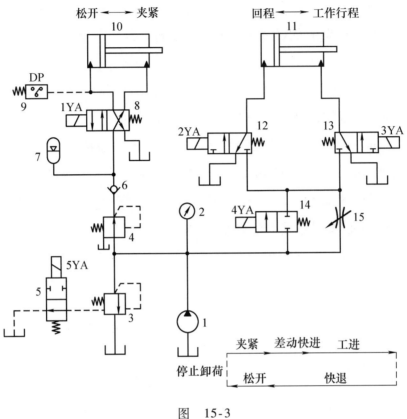

图 15-3

（1）填写电磁铁和压力继电器的动作表（得电为"+"，失电为"−"）。

动　　作	元　件					
	1YA	2YA	3YA	4YA	5YA	DP
夹紧						
差动快进						
工进						
快退						
松开						
停止卸荷						

（2）元件 5 的作用是_____。

（3）缸 11 工进时，元件 3 的作用是_____。

（4）元件 4 的调定压力为_____ MPa。

（5）快进时，元件 2 显示的压力为_____ MPa；工进时，元件 2 显示的压力为_____ MPa。

（6）当缸 11 快进时，因元件_____（填序号）和元件_____（填序号）的作用，使缸 10

不会失压。

（7）缸 11 快进的速度为_____ m/min。缸 11 工进时，元件 3 通过的流量为_____L/min。

（8）当缸 11 工进时，负载降为 20kN，则元件 2 显示的压力_____（填"变大""变小"或"不变"），缸 11 的工进速度_____（填"变大""变小"或"不变"），元件 3 通过的流量_____（填"变大""变小"或"不变"）。

（9）工进结束后，为发出快退信号，拟采用压力继电器控制，则压力继电器应安装在_____（填"泵的出油口""缸 11 的无杆腔油口"或"缸 11 的有杆腔油口"）附近。

4. 图 15-4 所示为 X 光机透视站位液压系统原理图，图中，系统的执行器为荧光屏和受检者站立的转盘，荧光屏可上下升降，而转盘除上下升降外还可回转。该系统可实现"荧光屏升降→转盘升降→转盘回转→系统卸荷"的工作过程。各动作也可单独进行，以方便身体各部位的检查。已知液压泵 1 的额定压力为 2.5MPa，额定流量为 40L/min，元件 2 的调定压力为 1.6MPa；液压缸 15、17 的规格相同，活塞有效作用面积均为 $0.01m^2$，各缸的上升速度等于下降速度。试回答下列问题。

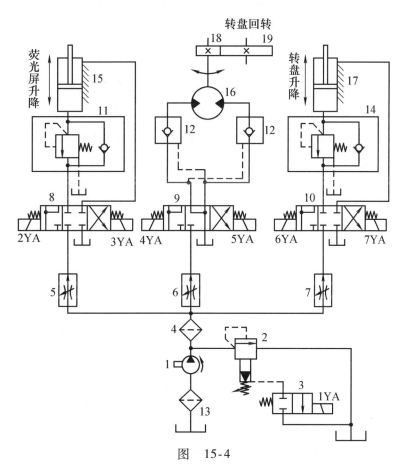

图　15-4

（1）元件 2 的名称是_____，元件 16 的名称是_____。

（2）元件_____（填元件序号）的作用是平衡人体的自重，其名称是_____。

（3）转盘的回转速度是通过元件_____（填元件序号）控制的。它由_____和可调节流阀_____（填"串联"或"并联"）组合而成。

（4）元件 10 的名称是_____，中位滑阀机能的特点是液压缸_____（填"闭锁"或"浮动"）。

（5）元件_____（填元件序号）用于锁定元件 16 的位置，其名称是_____。

（6）各动作单独进行时，在表中填写与荧光屏升降、转盘回转及停止卸荷相关的电磁铁动作状态（电磁铁得电为"＋"，失电为"－"）。

动　作	元　件						
	1YA	2YA	3YA	4YA	5YA	6YA	7YA
荧光屏上升							
荧光屏下降							
转盘顺时针方向回转	－	－	－	＋	－	－	－
转盘逆时针方向回转							
停止卸荷							

（7）系统中液压缸的往复运动范围约为有效行程的_____倍。

（8）若缸 15 单独运动时，速度为 6m/min，各种损失不计，则上升时流过元件 5 的流量是_____L/min，下降时流过元件 2 的流量是_____L/min。

（9）若油液流过阀 7 的压力损失 Δp 为 0.6MPa，其他各种损失不计，则缸 17 上升时顶起的重量为_____kN。

（10）若荧光屏的自重为 5kN，为防止荧光屏自行下滑，则元件 11 的最小调定压力为_____MPa。

5. 图 15-5 所示为某机床动力滑台的液压系统，能实现"快进→较快进→工进→快退→停止卸荷"的工作循环。试回答下列问题。

（1）在表中填写电磁铁的工作状态（电磁铁得电为"＋"，失电为"－"）。

动　作	元　件			
	1YA	2YA	3YA	4YA
快进				
较快进				
工进				
快退				
停止卸荷				

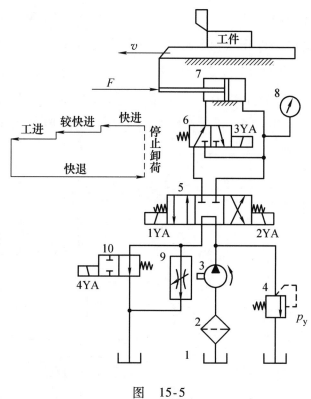

图 15-5

（2）该系统有_____和_____压力控制的基本回路，其核心元件分别是_____和_____。

（3）元件5的滑阀机能代号是_____。该机能使缸_____（填"浮动"或"锁紧"），使泵_____（填"卸荷"或"不卸荷"）。

（4）该系统的调速回路属于_____节流调速回路，其核心元件是_____（填写元件名称），它是由_____和可调节流阀组成。

（5）设快进时负载为F_k，系统提供流量为q_v，不考虑各种损失，则快进速度$v_k =$_____（用数学表达式表示），压力表在快进时的指示$p_k =$_____（用数学表达式表示）。

（6）设机床工作台和工件共重10kN，工作台与导轨的摩擦因数$f = 0.2$，工进时，切削力为28kN，快进时$v_k = 0.25$m/s，无杆腔有效作用面积$A_1 = 10 \times 10^{-3}$m²，有杆腔有效作用面积$A_2 = 8 \times 10^{-3}$m²，工进时，阀9上的压力降为$\Delta p = 5 \times 10^5$Pa，取$K_压 = 1.5$，$K_漏 = 1.3$。泵的额定流量有25L/min、32L/min、40L/min、50L/min、63L/min。

1）选择泵的额定流量为_____L/min较适宜。

2）选择_____（填"齿轮""叶片"或"柱塞"）泵较为合理。

3）阀4的最小调定压力$p_y =$_____MPa，工进时，_____（填"有"或"无"）油液从阀4流回油箱。

6. 图 15-6 所示为深孔钻床液压系统原理图，工件 18 可实现旋转运动，滑座 20 带动钻头 19 实现"快进→工进→快退→停止（并卸荷）"的进给运动；钻头 19 工进时，若出现不断屑或排屑困难的现象，可通过元件 15 设定的压力，实现快退运动，从而对元件 17 起到转矩保护作用。已知液压泵 3 的型号为 YB-10，额定压力为 6.3MPa，液压泵的总效率为 0.8；液压缸 16 无杆腔的有效作用面积为 $0.02\,\mathrm{m}^2$，有杆腔的有效作用面积为 $0.01\,\mathrm{m}^2$。试回答下列问题。

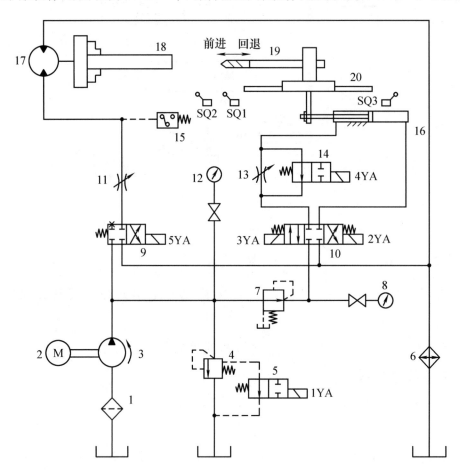

图　15-6

（1）元件 9 的名称是＿＿＿＿＿＿＿＿＿，元件 11 的名称是＿＿＿＿＿＿＿＿＿，元件 6 的名称是＿＿＿＿＿＿＿＿＿。

（2）元件 17 的名称是＿＿＿＿＿＿＿＿＿。改用摆动式液压缸＿＿＿＿＿＿＿＿（填"能"或"不能"）实现同样的功能。

（3）元件 15 的名称是＿＿＿＿＿＿＿＿＿。它可以控制电磁铁 3YA＿＿＿＿＿＿（填"得电"或"失电"）、电磁铁 4YA＿＿＿＿＿＿（填"得电"或"失电"）。

（4）工件 18 的转速是通过＿＿＿＿＿＿（填"进油路"或"回油路"）节流调速回路实现的，钻头 19 的工进速度是通过＿＿＿＿＿＿（填"进油路"或"回油路"）节流调速回路实现的。这两种基本回路相比较，＿＿＿＿＿＿（填"前者"或"后者"）的运动平稳性好。

（5）最大钻削力是通过元件_____（填元件序号）控制的。该元件正常情况下阀口_____（填"常开"或"常闭"）。

（6）液压系统的供油压力可通过元件_____（填元件序号）调定。

（7）填写下表（电磁铁得电为"＋"，失电为"－"；行程开关动作并发出信号为"＋"，反之为"－"）。

动 作	电 磁 铁					行程开关		
	1YA	2YA	3YA	4YA	5YA	SQ1	SQ2	SQ3
工件旋转								
钻头快进								
钻头工进								
钻头快退								
钻头停止并卸荷								

（8）与液压泵 3 匹配的电动机功率 P = _____ kW。

（9）钻头 19 快进时，若流过元件 4 的流量为 2L/min，流过元件 11 的流量为 5L/min，各种损失不计，则流入元件 16 的流量 q_{v16} = _____ L/min，钻头 19 的运动速度 v_{19} = _____ m/s。

（10）钻头 19 工进时，若切削力为 10kN，元件 13 两端的压力差 Δp 为 1MPa，各种损失不计，则流入元件 16 的油液压力 p_{16} = _____ MPa。

7. 如图 15-7 所示的液压系统能实现"快进→工进→停留→快退→停止"的工作循环，试分析计算。

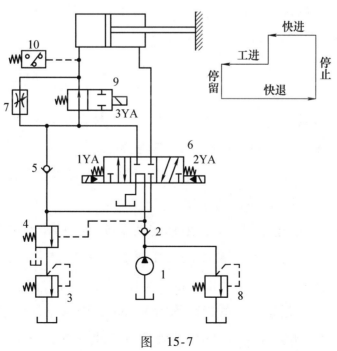

图 15-7

（1）填写电磁铁、压力继电器和液控顺序阀的动作顺序表（"＋"表示电磁铁通电、压力继电器与液控顺序阀动作，"－"则相反）。

动作	电磁铁			压力继电器	液控顺序阀
	1YA	2YA	3YA		
快 进					
工 进					
停 留					
快 退					
停 止					

（2）该系统的快进采用了液压缸＿＿＿＿连接的快速运动回路，工进采用了＿＿＿＿＿调速回路。

（3）元件 6 的名称为＿＿＿＿＿＿＿＿＿＿＿＿＿＿＿＿＿＿，其中位滑阀机能的特点是：液压缸＿＿＿＿＿＿＿，液压泵＿＿＿＿＿＿＿。

（4）实现液压缸换向动作的元件是＿＿＿＿＿（填元件序号），用于调节工进速度的元件是＿＿＿＿＿（填元件序号），用于实现快进与工进换接的元件是＿＿＿＿＿（填元件序号），用于发出快退信号的元件是＿＿＿＿＿（填元件序号）。

（5）元件 3、8 的名称是＿＿＿＿＿＿＿，其中，用于调节系统压力的是元件＿＿＿＿＿，用于产生背压的是元件＿＿＿＿＿。

（6）设液压缸进给时的最高工作压力为 $p_{缸}$，元件 10 的调定压力为 p_{10}，元件 8 的调定压力为 p_8，则这三个压力的大小关系为＿＿＿＿＿＿＿＿＿＿。

（7）写出快进时的回油路线：液压缸有杆腔→＿＿＿＿＿＿＿＿＿＿＿＿＿（用序号表示，其中换向阀要写出位置）。

（8）液压缸活塞的有效作用面积为 $2.0 \times 10^{-3} m^2$，且液压缸快进与快退的速度相等。若液压泵输出流量为 10L/min，则液压缸快进时，速度为＿＿＿＿＿＿＿m/min，流入液压缸无杆腔的流量为＿＿＿＿＿L/min。工进时，若测得液压缸无杆腔的压力为 1MPa，有杆腔的压力为 0.5MPa，则工进时，推动的负载为＿＿＿＿＿kN。

8. 图 15-8 所示为多缸顺序专用铣床的液压传动系统，其动作顺序为：液压缸 Ⅰ 的活塞水平向左快进→液压缸 Ⅰ 的活塞水平向左慢进（工进）→液压缸 Ⅱ 的活塞垂直向上慢进（工进）→液压缸 Ⅱ 的活塞垂直向下快退→液压缸 Ⅰ 的活塞水平向右快退。已知两液压缸活塞的有效作用面积均为 $100mm^2$，活塞杆横截面积均为 $50mm^2$，液压泵的额定压力为 2.5MPa，额定流量为 25L/min，溢流阀的调定压力为 2MPa，液压缸 Ⅰ 工进时，测得节流阀两端的压力差为

0.5MPa，工进速度为 0.05m/min，快进时负载为零，其余损失不计。

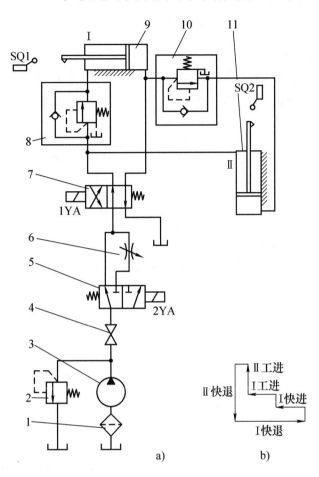

图　15-8

（1）填写电磁铁、单向顺序阀和位置开关的动作状态表。

动　作	元　件					
	1YA	2YA	单向顺序阀8	单向顺序阀10	SQ1	SQ2
Ⅰ快进						
Ⅰ工进						
Ⅱ工进						
Ⅱ快退						
Ⅰ快退						

注："＋"表示电磁铁通电、顺序阀开启、位置开关发出动作信号，"－"则相反。

（2）元件 5 的名称为_____，其作用是_____。

（3）用于控制液压缸Ⅰ工进与液压缸Ⅱ工进换接的元件是_____（填元件序号），用于实现换向的元件是_____（填元件序号）。

（4）液压缸 I 工进时采用的基本回路为＿＿＿＿＿＿＿＿＿回路，此回路的速度稳定性＿＿＿＿＿＿（填"好"或"差"），运动的平稳性＿＿＿＿＿＿（填"好"或"差"），元件 2 在该回路中的作用是＿＿＿＿＿＿＿＿＿＿＿＿＿＿＿＿＿＿＿＿。

（5）若设液压缸 I 工进时的最大压力为 p_I，顺序阀 10 的调定压力为 p_s，溢流阀 2 的调定压力为 p_Y，则这三个压力的大小顺序为＿＿＿＿＿＿＿＿＿。

（6）系统中，顺序动作回路采用了＿＿＿＿＿＿控制和＿＿＿＿＿＿控制。

（7）该液压系统＿＿＿＿＿＿（填"有"或"无"）卸荷回路。

（8）写出液压缸 II 工进的进油路线：1→3→4→＿＿＿＿＿＿＿＿＿＿＿＿＿＿＿＿＿＿＿（写序号表示，换向阀要写出具体位置）。

（9）液压缸 I 快进时的速度为＿＿＿＿＿＿ m/min。

（10）液压缸 I 工进时，通过溢流阀的流量为＿＿＿＿＿＿＿ L/min，克服的负载 F 为＿＿＿＿＿＿kN。

（11）液压泵的额定功率为＿＿＿＿＿＿ kW。

第十六章 气压传动

第一节 气压传动原理及其特点

一、填空题

1. 空气的主要性质有_____、_____和湿度。

2. 油液的黏度随着温度的升高而_____，气体的黏度随温度的升高而_____。

3. 一定体积的湿空气中含有的水蒸气的质量指的是_____，绝对湿度与饱和湿度之间的比指的是_____。

4. 含有水蒸气的空气称为_____，不含有水蒸气的空气称为_____。

5. 气压传动是利用_____来传递动力，利用_____来传递运动，从而输出机械功的一种传动装置。

6. 典型的气压传动系统，一般由以下部分组成_____、_____、_____和_____。

7. 气动系统的动作稳定性_____，速比_____，噪声_____，_____实现过载自动保护。

二、判断题

1. 气压传动压力损失小，不便于集中供气和远距离输送。 （　　）

2. 气压传动输出功率较小、排气噪声大。 （　　）

3. 气压传动变载时运动平稳性好。 （　　）

4. 气压传动与液压传动一样，均可实现无级调节。 （　　）

5. 气压传动与液压传动一样，都可以自动润滑。 （　　）

6. 降低空气温度可以降低空气中水蒸气的含量。 （　　）

三、选择题

1. 表示湿空气中水蒸气含量接近饱和程度的是_____。

    A. 湿度   B. 相对湿度   C. 绝对湿度   D. 饱和湿度

2. 气体黏度变化的主要影响因素是_____。

    A. 温度   B. 压力   C. 流量   D. 速度

3. 单位体积的湿空气所含水蒸气的质量称为_____。

    A. 绝对湿度   B. 相对湿度   C. 含湿量   D. 析水量

4. 空气压缩机是气压传动的_____。

    A. 动力元件   B. 执行元件   C. 控制元件   D. 辅助元件

5. 各种过滤器是气压传动的_____。

    A. 动力元件   B. 执行元件   C. 控制元件   D. 辅助元件

第二节　气源装置

（略）

第三节　气动三大件

一、填空题

1. 气源装置包括压缩空气的＿＿＿＿装置，以及压缩空气的存储、净化等的＿＿＿＿装置。

2. 空气压缩机的额定压力应略＿＿＿＿气动系统所需的工作压力，一般气动系统的工作压力为0.4～0.8MPa，故常选用＿＿＿＿空气压缩机。

3. 压缩空气干燥方法主要采用＿＿＿＿法和＿＿＿＿法。其中，＿＿＿＿法是干燥处理方法中应用最为普遍的一种方法。

4. 气动三大件是指＿＿＿＿、＿＿＿＿和＿＿＿＿，三大件无管连接而成的组件称为＿＿＿＿。

5. 气动三大件中所用的减压阀，也称＿＿＿＿，起＿＿＿＿和＿＿＿＿作用。

6. 在安装时，油雾器应＿＿＿＿安装。

二、判断题

1. 空气压缩机产生的压缩空气可直接供设备使用。　　　　　　　　　　　（　　）

2. 选用空气压缩机的依据是气压传动系统的工作压力和流量。　　　　　（　　）

3. 在压缩空气中，不能含有过多的水蒸气，湿度不能过大，以免在工作中析出水滴，影响正常工作。　　　　　　　　　　　　　　　　　　　　　　　　　　　　（　　）

4. 为提高冷却效果，后冷却器安装使用时，冷却水的流动方向与压缩空气的流动方向相同。　　　　　　　　　　　　　　　　　　　　　　　　　　　　　　　　（　　）

5. 气动三大件是多数气动系统中不可缺少的气源装置，安装在用气设备近处，是压缩空气质量的最后保证。　　　　　　　　　　　　　　　　　　　　　　　　（　　）

三、选择题

1. 不属于气源净化装置的是＿＿＿＿。

　　A. 后冷却器　　B. 油雾器　　C. 空气过滤器　　D. 除油器

2. 如图16-1所示，气动三大件联合使用的正确安装顺序是＿＿＿＿。

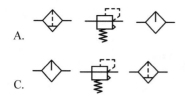
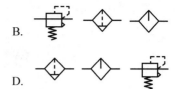

图　16-1

3. 以下不是储气罐作用的是_____。

   A. 减少气源输出气流压力波动

   B. 储存一定数量的压缩空气

   C. 冷却压缩空气

   D. 进一步分离压缩空气中的水分和油分

4. 气压传动中，与空气过滤器属于同一类的是_____。

   A. 后冷却器   B. 油雾器   C. 空气压缩机   D. 除油器

5. 压缩空气站净化的过程是_____。

   A. 压缩机—后冷却器—储气罐—过滤器—干燥器

   B. 压缩机—油水分离器—后冷却器—过滤器—储气罐

   C. 压缩机—过滤器—干燥器—后冷却器—储气罐

   D. 压缩机—后冷却器—油水分离器—干燥器—过滤器

四、问答题

在下表中填写气源净化装置和气动三大件的名称、作用。

名　称	作　用	图形符号
		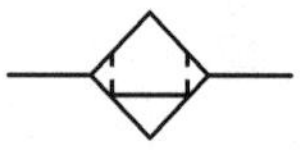
		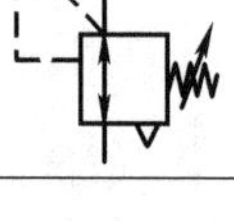

		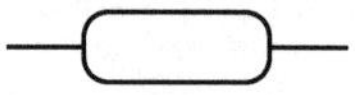
		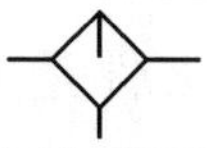
		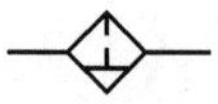
		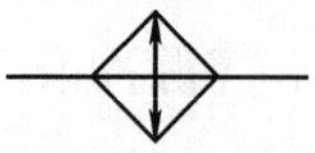

208

第四节　气缸和气马达

一、填空题

1. 气动执行元件是将压缩空气的_____转换为_____的装置，包括_____和_____。

2. 气缸用于实现_____运动，气马达用于实现_____运动。

3. 气-液阻尼缸运动平稳性_____，停位_____，噪声_____。它由_____和_____组合而成。串联式气-液阻尼缸的缸体较长，加工和安装时对_____要求较高，并联式气-液阻尼缸，由于气缸和液压缸不在同一轴线上，安装时对其_____要求较高。

4. 标准化气缸的主要参数中，标志气缸活塞杆输出力大小的参数是_____，标志气缸作用范围的参数是_____。

5. 气马达的突出特点是速度_____、输出功率_____、耗气量_____、噪声_____。

二、判断题

1. 单作用气缸的特点是气缸中的活塞只能向一个方向运动。　　　　　　（　　）

2. 气马达具有防爆、高速等优点，有输出功率小、噪声大的缺点。　　（　　）

3. 伸缩气缸的推力随着行程的增大而增大，速度随着行程的增大而减小。（　　）

4. 普通气缸工作时，由于气体具有可压缩性，当外界负载变化较大，气缸可能产生"爬行"或"自走"现象。　　　　　　　　　　　　　　　　　　　（　　）

三、选择题

1. 由于普通气缸的工作不稳定，为了使活塞运动平稳，实际应用中普遍采用_____。

   A. 气-液阻尼缸　　B. 薄膜式气缸　　C. 冲击气缸　　　　D. 伸缩气缸

2. 标准气缸 QGA100×125，其中 A 表示_____。

   A. 气液阻尼缸　　B. 回转气缸　　　C. 无缓冲普通气缸　D. 粗杆缓冲气缸

3. 利用压缩空气使膜片变形，从而推动活塞杆做直线运动的气缸是_____。

   A. 气液阻尼缸　　　B. 摆动气缸　　　C. 回转气缸　　　D. 薄膜式气缸

4. 利用压缩空气输出角速度的气缸是_____。

   A. 气液阻尼缸　　　B. 摆动气缸　　　C. 回转气缸　　　D. 冲击气缸

5. 下列缸中行程短的是_____。

   A. 气液阻尼缸　　　B. 普通气缸　　　C. 伸缩气缸　　　D. 薄膜式气缸

6. 特殊气缸中能把压缩空气的能量转化为活塞高速运动能量的气缸的是_____。

   A. 气液阻尼缸　　　B. 冲击气缸　　　C. 伸缩气缸　　　D. 薄膜式气缸

7. 行程为 125mm、缸径为 100mm 的无缓冲普通气缸的标记为_____。

   A. QGA100×125　　B. QGC100×125　　C. QGD125×100　　D. QGH125×100

第五节　气动控制阀及其基本回路

一、填空题

1. 快速排气阀属于_____型控制阀，安装在_____和_____之间。

2. 一次压力控制回路用于控制_____的压力，使之不超过规定的压力值。

3. 用于控制气动系统中各台气动设备的工作压力的气动回路是_____。

4. 气-液联动调速回路气-液转换器中储油量应不少于液压缸有效容积的_____倍。

5. 图16-2所示是_____回路。

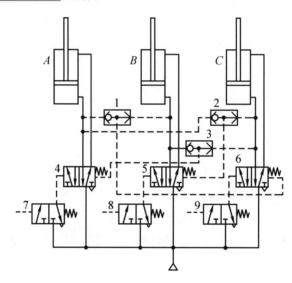

图　16-2

6. 双向节流调速回路都是采用_____节流调速方式，当外负载变化不大时，进气阻力小，负载变化对速度影响小，比_____节流调速效果要好。

7. 排气节流阀不仅能调节执行元件的_____，还能起到降低_____的作用。安装在换向阀的_____与_____联用。

8. 延时回路延时时间可由_____调节。

二、判断题

1. 单向调速回路，节流供气多用于垂直安装的气缸供气回路，节流排气一般用于水平安装的气缸供气回路。（　　）

2. 气动过载保护回路可用顺序阀来完成。（　　）

3. 二次压力控制回路的对象为储气罐。（　　）

4. 延时回路的作用相当于延时继电器的作用。（　　）

5. 或门型梭阀只有 P_1、P_2 同时进气时，A 口才能输出。（　　）

6. 气液转换速度控制回路是用气液转化器将气压转化成液压，再利用液压油去驱动液压缸的速度控制回路。   （   ）

三、选择题

1. 图 16-3 所示气动基本回路为_____。

   A. 互锁回路　　　B. 过载保护回路　　　C. 连续往复回路　　　D. 延时回路

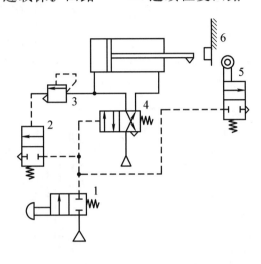

图　16-3

2. 设计气动控制回路，特别是安全回路时，必不可少的是_____。

   A. 换向阀和油雾器　　　　B. 换向阀和安全阀

   C. 过滤装置和油雾器　　　D. 调压阀和油雾器

3. 图 16-4 中，不属于安全回路的是_____。

   A. a 图　　　　B. b 图　　　　C. c 图　　　　D. d 图

4. 图 16-5 中，属于高低压转化回路的是_____。

   A. a 图　　　　B. b 图　　　　C. c 图　　　　D. d 图

5. 如图 16-6 所示回路的功能是_____。

   A. 延时等待　　B. 高低压转换　C. 过载保护　　D. 互锁

6. 以下属于二次压力控制回路的核心元件之一的是_____。

   A. 安全阀　　B. 调压阀　　C. 顺序阀　　D. 节流阀

7. 图 16-7 所示回路的名称为_____。

   A. 双作用气缸的进气节流调速回路　　　B. 单向调速回路

   C. 双作用气缸采用排气节流阀调速回路　D. 单向节流阀和快排阀构成的调速回路

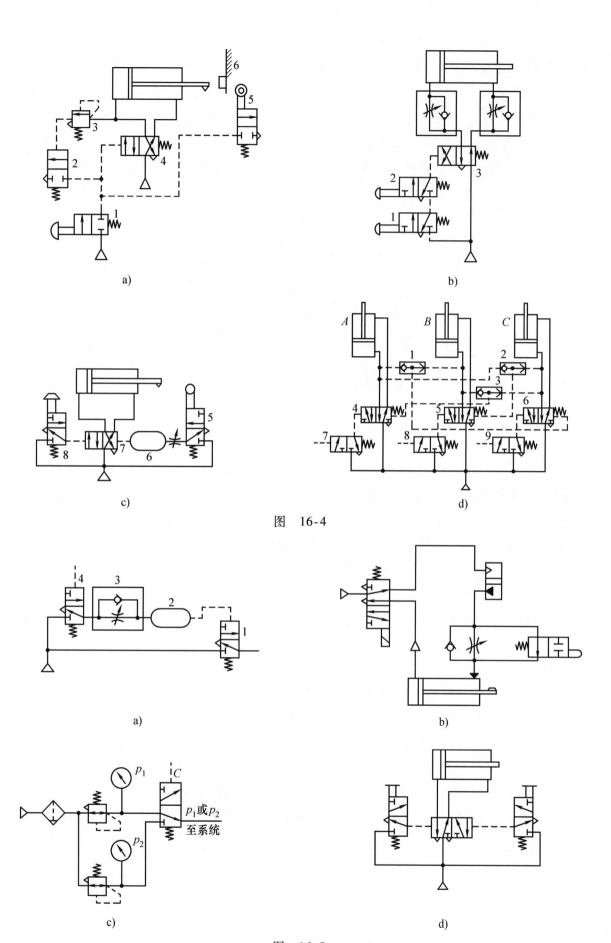

a)

b)

c)

d)

图 16-4

a)

b)

c)

d)

图 16-5

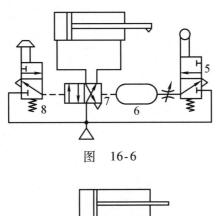

图 16-6

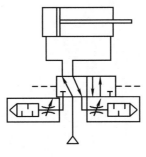

图 16-7

8. 图 16-8 所示气动控制阀中，为加快气缸运动速度，用于快速排气的是_____。

A. 　　B. 　　C. 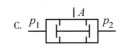　　D.

图 16-8

9. 在负载变化较大的场合，要求气缸具有准确而平稳的速度，应采用_____。

A. 排气节流调速回路　　　　　　　　B. 供气节流调速回路

C. 双向调速回路　　　　　　　　　　D. 气-液联动调速回路

10. 气压传动中，储气罐上通常安装某个压力阀，当罐内气压超过规定压力值时，通过该阀向大气排气，该阀是_____。

A. 安全阀　　　　B. 减压阀　　　　C. 顺序阀　　　　D. 单向阀

11. 快排阀属于_____。

A. 方向控制阀　　　B. 流量控制阀　　　C. 压力控制阀　　　D. 气源调节装置